U0151003

本书为浙江省教育厅一般科研项目《基于虚拟仿真技术的中式服饰品设计 3D 打印应用研究》（项目编号：Y201942111）、浙江省高校虚拟仿真实验教学项目《皮革裘皮类成衣版型精准化解析匹配虚拟仿真实验》、浙江农林大学线上线下混合式教学模式改革项目《成衣品牌设计》的研究成果。

庄立锋◎著

创意是核心　品牌是方向

现代成衣设计研究

中国纺织出版社有限公司

内 容 提 要

当前，成衣业迅速发展，市场竞争日益激烈，人们对成衣设计的要求越来越高，现代成衣设计要想获得成功需以创意、品牌取胜，在满足消费者日益增长的消费需求时，不断融入创意的元素，设计出具有新意的创意成衣，并以品牌塑造为方向，给成衣设计带来新的生命力。本书以当前成衣设计的现状为背景，在成衣设计的相关理论之上，分析成衣设计的创意元素，探究现代创意成衣设计的具体方法，展现现代成衣设计新颖个性的创意特征，使成衣的实用价值与艺术价值并存。本书研究注重理论与实际的应用结合，对成衣产品中的创意设计具有一定的可操作性和指导意义。

图书在版编目（CIP）数据

创意是核心 品牌是方向：现代成衣设计研究 / 庄立锋著. -- 北京：中国纺织出版社有限公司，2021.7（2024.7重印）
ISBN 978-7-5180-8589-7

Ⅰ．①创… Ⅱ．①庄… Ⅲ．①服装设计 Ⅳ.
① TS941.2

中国版本图书馆 CIP 数据核字（2021）第 101381 号

责任编辑：刘 茸　责任校对：王花妮　责任印制：王艳丽

中国纺织出版社有限公司出版发行
地址：北京市朝阳区百子湾东里 A407 号楼　邮政编码：100124
销售电话：010—67004422　传真：010—87155801
http://www.c-textilep.com
中国纺织出版社天猫旗舰店
官方微博 http://weibo.com/2119887771
北京虎彩文化传播有限公司印刷　各地新华书店经销
2021 年 7 月第 1 版　2024 年 7 月第 3 次印刷
开本：787×1092　1/16　印张：12.75
字数：228 千字　定价：68.00 元

凡购本书，如有缺页、倒页、脱页，由本社图书营销中心调换

前　言

　　成衣是近代服装行业中的专业术语，指服装企业按照一定规格、号型标准批量化生产的成品服装。成衣设计则是指以批量生产的成衣为设计对象进行的设计活动。20世纪60年代，基于近代服装产业的发展，成衣设计活动从高级时装业中分化出来，形成了高级成衣业，即将高级时装中便于成衣生产的或成衣厂商认为能引起大众流行的作品简略化，进行小批量加工生产。到了20世纪60年代末期，一批年轻的设计师开始专门从事高级成衣设计，使高级成衣业拥有了自己独立的设计活动，从此，成衣设计迈入了新纪元。时至今日，成衣业蓬勃发展，已成为服装行业的发展主体，现代成衣设计也开始探索新的发展方向。

　　与早期的服装设计注重实用性与审美性不同，现代成衣设计更加强调创意与品牌建设。换言之，对现代成衣设计研究来说，创意是核心，品牌是方向。基于这样的现实情况，本书紧紧围绕创意成衣设计与成衣品牌建设两个核心内容，来探究现代成衣设计的发展动向，以期能为刚进入成衣设计相关行业的从业人员、自学成衣设计的读者提供一些参考资料。

　　本书秉持理论与实践相结合的原则，分三个层次来阐述现代成衣设计的相关研究成果。第一部分为基础，以现代成衣业的发展历史为脉络，介绍了现代成衣的设计理念和风格，并对现代成衣设计的价值属性和分类进行了分析，意在以最清晰明了的方式将现代成衣设计的基础理论传达给读者。第二部分为应用，是本书的重点章节，从现代成衣设计的影响因素和形式美法则入手，先探讨成衣设计的创意思维，包括成衣设计的创意灵感、方法和流程；再按照现代成衣的要素分类，分别探究其创意设计方式，包括廓型、结构、面料、色彩、图案，以及系列化构成设计；然后对成衣品牌的发展进行探究，从市场调研到设计定位、主题策划、流行趋势分析，再到产品设计和品牌推广，依次剖析以品牌为发展方向的现代成衣设计趋势。第三部分为案例，通过对知名品牌的案例分析，拓展现代成衣设计的艺术境界，超越经验层面，启迪创意思维。

全书结构合理，脉络清晰，内容安排详略得当，符合读者的阅读习惯。本书避免了大而空的论述方式，紧密结合相关实例，图文并茂，由浅入深地对现代成衣设计的相关理论及研究成果进行了阐释。紧贴国际时尚潮流的同时，又深刻把握住了现代成衣业的发展脉搏，这是本书最大的特色所在。

在写作过程中，笔者借鉴了相关著作和资料，尽可能地追求完善，但由于时间、精力和水平有限，本书难免还存在一些不足，对此，希望各位同行和广大读者予以批评指正，并提出宝贵意见。在成书过程中，笔者得到了许多朋友的帮助，在此向他们表示由衷的感谢。

作者

2021年1月

目　录

第一章
现代成衣设计概述

所谓设计,指的是把一种计划、规划、设想、解决问题的方法,通过视觉方式传达出来的活动过程。成衣设计对设计师提出了较高的要求,包括设计师要具有较高的创新设计水平,掌握必需的专业技能,设计还必须与市场结合,了解生产、营销环节的知识,设计的产品要符合消费者需求等。其中,明确现代成衣的基本概念,了解现代成衣业的产生与发展历程,是成衣设计的前提条件,也是对每位设计师的基础要求。

第一节　现代成衣的基本概念

成衣是近代在服装产业中出现的一个专业概念,指对应某个消费群体,按照一定规格、号型标准进行批量生产的,满足消费者即买即穿的系列化成品服装,是相对于量体定制、自制的衣服而出现的一个概念,是尽可能地让消费者可以即时穿着的服装。它是随着近代工业文明的不断进步及人们生活方式的改变而出现的服装形式。目前,在商场、专卖店、服装连锁店出售的服装都是成衣。

成衣必满足三个方面的条件,分别是批量化、标准化与商品化。

一、批量化

作为市场化的产物，成衣是以批量化来体现其在时尚主流中的地位与特征的。它针对的是消费观念和消费方式极为相似的一类群体，而不是具体的某个人。我们通常将这类群体称为目标顾客。目标顾客是成衣产品的购买者，是成衣产品开发和设计所为之努力研究的主体对象。

二、标准化

成衣产品是根据目标顾客的需求来制订其外观款式与内在品质的。要使这些款式和品质在批量生产中得到保证，并且得到同一消费层面的不同体型的顾客的认可，标准化是其必要且唯一的途径。因而，无论是档差还是质检要求，均是成衣市场产品标准化特征的具体表现。

三、商品化

成衣产品必然会成为商品，通过市场这一媒介使生产者与消费者得到沟通，最终目标顾客成为现实顾客，成衣产品满足现实需求。然而，这一满足并不代表永远，服装消费需求将随着下一季时尚的变迁而转移，会寻求新的契合点，这就是创造需求和满足需求的过程。

成衣的价值取决于两方面。第一个方面是生产方式，成衣设计师的工作任务是满足目标消费群体的衣着需求，而不受限于某个具体顾客的喜好。因此，在市场意识的主导下，他们对流行的把握和时尚的创意更为主动。成衣采用工业化、标准化、批量化方式进行生产，使产品的平均成本大幅降低，而品质则在标准化的贯彻下得以保障。第二个方面是营销方式，现代的规模化经营，使成衣产品在零售价格上具有极强的竞争力。

服装设计包含的内容广泛，从类别上可以分为日常装设计、高级时装设计、休闲装设计、舞台装设计等；从设计类别上可以分为纱线结构设计、面料设计、图案设计、款式设计等。

成衣设计学服从于"设计学"的大概念，并从中延伸出符合成衣设计的设计理论和设计手法。与纯艺术形式不同，成衣设计更注重实用性与市场性、创造性与市场性的完美结合，在个性与市场之间寻找一个平衡点。

第二节　现代成衣业的产生与发展

一、成衣业产生的前奏

随着男性参与社会经济各个层面社交活动的增多，对男装的审美和要求也慢慢地改变，在新洛可可时期奠定了现代男装着装的国际惯例。男装演变成为白天的常服、夜间的礼服（燕尾服的最初样式）、白天的礼服（晨服的最初样式）、外出便装、背心、西裤等，男装更加注重着装时间、着装地点和着装目的，从此走进一个微妙发展时期，惯例的形成为现代成衣的发展奠定了坚实的基础。

男装的发展并没有使女装产生巨大改变，新洛可可时期的贵族依然沉迷于紧身胸衣，为了追求裙子下摆的宽大而采用裙撑，甚至当美国女设计师在 1851 年为解放妇女着装推出宽松的灯笼裤时，在美国却遭到了嘲笑。两次世界大战期间，欧洲女性加入后方的军工生产，发现华贵、优雅的高级女装已经不合时宜，而军装风格的服装、男装的西服具有更好的功能性，加上战时配给制度的影响，促使女装完成了历史性的转变，形成了现代女装的国际惯例。因此可以说，第一次、第二次世界大战拉开了成衣业发展的前奏。

二、成衣业的初步兴起

成衣店最早产生于英国，主要生产男子日常服装及围巾、帽子、雨伞等服饰品。由于早期的成衣款式单一，产品质量和企业管理也不成熟，其产品基本上服务于中、下层的消费者。19 世纪后期，法国出现了女装成衣店。美国作为大众成衣的发源地，首先在美国纽约的第七大道兴起现代成衣产业并形成规模，从而影响了世界的成衣业。1889 年，20 岁的波兰青年路易斯·波纳来到纽约，1890年年底，他与朋友一起在纽约开了一家只有三台缝纫机的服装厂。从 1890 年到 1910 年的 20 年间，经过先驱们的不断努力，成衣产业得到一定的发展。当时的主要成衣产品是非常便宜的男衬衫和宽松裤，消费者主要是出航的水手、拓荒者和农场工人。由于缝纫机的普及和受到无力购买定制服装的中、下阶层消费者的欢迎,成衣的需求量不断上升。成衣还使女性从家庭裁缝中解放出来,提供给她们更多参与社会活动的机会。成衣的便利性和经济性越来越受到大众的欢迎。此后的几十年中,尤其是第二次世界大战期间,成衣业极大地刺激并推进了美国经济的发展,也促成美国成衣产业着眼于整合全球资源,制定更为严格和统一的标准,以此提高产品开发能力、转换经营理念、进行科学管理,最终成为世界成衣业的领头军。

成衣是服装领域在工业化生产方式下诞生的产物,其产生主要由以下四个条件促成。

(一)设备条件

先进的技术促进了服装生产设备的发明和改进,被称为针纺业的服装工业很快开始运用缝纫机器进行批量化生产并日趋成熟。1859年,胜家公司在手摇缝纫机的基础上,设计了第一台脚踏缝纫机,这一创举从根本上促成了服装加工的机械化。妇女们几乎在家中就可以缝制出具有专业水平的服装,从而提高了服装加工的整体水平。继缝纫机后面世的是钉扣机和锁眼机以及用于熨烫服装的机器,甚至丝袜和手套都可以由编织机制造。缝纫机与其他机器的大量运用加快了成衣生产的步伐。随着大量手工劳作被服装机器替代,生产效率不断提高,成衣的生产成本被大大降低,高产量和低价格快速推动着服装的消费。

(二)产业条件

18世纪下半叶,英国第一次工业革命推动了整个纺织业的技术改造,使生产日益社会化,从业人员队伍不断壮大,从而彻底改变了纺织业的生产方式。

1785年,蒸汽机开始用于纺织生产,被发明和应用的还有飞梭、针织机和动力织布机等,大大地推动了机械化生产代替手工生产的进程。1850年以后的20多年间,纺织技术和纺织工艺的突飞猛进,带动了毛纺织业革新:人造纤维被生产出来,毛织类中多了弹性织物,服装面料的品种、色彩等得到前所未有的丰富。工业化给纺织生产带来的优势,标志着一个新时代已经到来。

20世纪中叶,新科技革命的成果在各个行业得到广泛应用,服装业也不例外。材料学研究、人体工程研究、机械自动化控制、计算机普及化等促使成衣的品种丰富、品质优良。如今,成衣已经成为大众衣着的主要来源。

（三）商业条件

现代成衣产业的形成、发展与营销方式的变化和百货商店的创立密切相关，也正是百货商店的创立才使成衣突破了自身局限，缩小了与大众的距离。从此，成衣商品开始通过市场这一主流渠道实现其自身价值。1830年以后，百货商店的销售模式开始得到推广，巴黎的一些商店开始出售成衣，逛街成为一种消遣时尚。1852年，布西科夫妇在巴黎开设了第一家名为"乐蓬马歇"的大型百货公司，并首次将成衣及其他服饰品陈设在一个聚集地，给人们的生活带来了极大的方便。不久，百货商场这种商品营销模式在欧美各国相继涌现，不仅为成衣产品找到了销售的主流途径，更为成衣业提供了更为广阔的发展空间。

早期的成衣产品服务于中、下层消费者，虽然款式单一、制作粗糙，但价廉而实用的成衣正适合他们的购买力。随着社会发展，成衣工业不断成熟，市场的供需关系逐渐良性化，工业化成衣的产品价值也通过现代商业形式的建立和推广得以更为快速地体现。工业时代的商品经济带来了生活方式的变化，人们的着装方式逐渐稳定并形成了一些约定俗成的惯例，这种着装规范与程式实际就是服装造型元素及其组合方式稳定性和标准化的体现。同时，广泛的社会活动使服装日益简洁。1850年以后，面料上乘、颜色柔和、裁制简洁的服装逐渐成为主流，现代工业社会的服装审美取向已初露端倪。

（四）专业技术条件

英国妇女家庭类杂志的出版商塞缪尔·贝顿最早设立了纸样邮购的服务，为服装制作提供标准的样板。1850年，美国人巴塔利克也开始出售样板。服装样板的商品化使流行款式得以向大众推广，同时也为服装技术的普及发挥了积极的作用。

1910年，"时装之父"沃斯的小儿子加斯顿·沃斯担任了高级定制服装协会的第一任主席，这个机构创立了服装设计的标准以及保护服装设计师和从业人员的利益不受侵犯的行业规范，并促成了1930年高级时装商业学校的创办。服装学校的建立使成衣技术和标准得到迅速普及。这时出现了一位重视服装结构技术创新并产生巨大影响的人物——曾经受雇于巴黎著名的雅克·杜塞时装店的设计师马德里尼·维奥纳。维奥纳夫人于1912年自立门户，她意识到实物对于顾客的重要性，因而摒弃了大多服装设计师的习惯做法，不再只是用素描效果图的方式画下自己的设计，而是利用微型人台（后来很快改为真人大小的人台）进行立体裁剪来创作和展示作品。她还把女性内衣、裤子的缝制手法如细缝、抽纱、卷边等技术用在成衣工艺上，用突破传统的斜裁结构成型法设计出外观别致新颖的服装，使织物在不同结构之间的吻合技术达到了新高度。

1919 年，由沃尔特·格罗佩斯开办的包豪斯学校开始推行工业设计理念并传遍欧美。"功能为先""功能为美""简洁就是时尚"等一系列现代工业文明所孕育的审美观念在设计界大行其道并影响深远，格罗佩斯在《艺术家与技术师在何处相会》一文中，阐明了"功能第一、形式第二"的原则。他说："物体是由它的性质决定的，如果它的形象适合于它的功能，人们就能一目了然地认识他的本质。一件物体的所有方面都应当同它的目的形象配合，就是说，在实际上能完成它的功能，是可用的、可信赖的，并且是便宜的技术上的成功同时也就是艺术上的成功。"❶这些设计理念在第二次世界大战后被普及和推广，并成为使服装设计由单件手工制作的生产方式逐渐转向工业批量化生产方式的思想基础。

三、服装市场的成衣化

1950 年，著名的高级定制服装公司"迪奥"开始将一些深受顾客欢迎的裙装进行批量生产，如黑白图案和单色人造丝撞色裙，其他公司的经营方式也有类似的调整。自 1960 年开始，欧美服装消费热情持续高涨，成衣已经居于服装市场的统治地位，散落于乡间小镇的裁缝铺几乎被摧毁殆尽，高级定制服装的市场份额急剧萎缩。

成衣市场的扩大进一步刺激了成衣产业的发展，1950 年以后，各种新型的缝纫专用设备被发明和使用，合成纤维及混纺织物面料也得到进一步的开发，新材料、新工艺的不断涌现使新产品不断地给消费者带来耳目一新的感觉。流行时尚的节奏越来越快，大众心目中原本粗糙、廉价的成衣印象早已被时尚的潮流洗刷得一干二净。

成衣的成本被严格控制在一定的尺度内，为了使产品更具竞争力，许多公司将加工转移到劳动力成本较低的亚洲地区，同时为了保证品质、提高效率以获取最大化利益，大多国际知名的成衣品牌都从"品牌推广 — 产品设计 — 生产 — 营销"等方面建立了自己的跨国控制系统。这种根据控制程序进行国际分工协作的关系正是成衣业成熟化的标志。

---

❶ 耿明松.中外设计史 [M].北京：中国轻工业出版社，2017：134.

四、国际合作的成衣业

"随着全球经济一体化的发展，成衣业面临着一系列变革，它是一个流动性大、劳动密集型、国际性的行业。"[1]自1960年起，欧洲及美国的成衣工业为了提高自身的竞争力，开始把生产线转移到亚洲或者其他低成本地区，一件成衣的产生可能经过负责策划或者产品设计的品牌公司以及负责市场推广的品牌公司，采购代理和贸易公司在市场中充当着中介的角色，协助不同国家和地区的服装设计、订货、物料采购、生产、流通推广等一系列工作。全球成衣供应链的形成迫使成衣业形成高度专业化和生产集约化的特点。

全球经济在20世纪80年代和90年代高速发展，时装贸易成为许多国家和地区的经济增长点。无论是奢华昂贵的高级时装，还是针对大众消费者的成衣，都出现了极大的增长需求。女性更广泛地扮演着社会中的各种角色，服装在款式、材料、品牌等方面越发多元化，成衣业空前发展。

---

[1] 吴玉红. 成衣产品设计 [M]. 北京：中国轻工业出版社，2014：12.

第二章
现代成衣设计的理念和风格

现代成衣的设计理念展现出现代环境下成衣设计者的独特见解，科学技术的发展赋予了成衣设计更多的表现形式与表现手法，为顺应时代发展也涌现了许多新的成衣设计理念，其中最具代表性的有虚拟成衣设计、绿色成衣设计、文化内涵成衣设计、超维视觉成衣设计等。成衣设计理念的展现有赖于成衣的各种风格形式，创作理念的改变会带来作品风格的转换。在现代成衣设计中，划分成衣风格具有很重要的意义。成衣设计的风格能传达出成衣的总体特征，给人以视觉上的冲击力和精神感染力，这种强烈的感染力是成衣设计的灵魂所在。

第一节　现代成衣的设计理念

成衣的设计理念从人们的心理出发，紧跟时代的脚步，以期获得大家的喜爱。随着信息网络化技术的不断发展，互联网技术以一种崭新的传播方式转变着传统的成衣设计理念。成衣设计网络化已成为现代成衣设计的新理念，在网络成衣设计的指引下出现了虚拟成衣设计、绿色成衣设计、文化内涵成衣设计、超维视觉成衣设计等现代成衣设计理念。

一、虚拟成衣设计

虚拟成衣设计是虚拟真实模拟，用计算机电子技术对布料进行仿真利用，是成衣设计师及计算机电子技术和动画技术最理想的结合。虚拟成衣设计的应用形式有两种。

（一）网上销售成衣

虚拟成衣设计目前用于网上销售成衣，网上销售成衣已经在成衣的销售额中占到一定比重，其原理是通过网站，利用下述的三维技术，消费者只要上传自己身材的必要数据，如身高、胸围、腰围、臀围、年龄及所选成衣的类型等信息，网站根据人体体型分类方法进行计算，计算出顾客的形体特征后试穿上顾客所选款式，顾客就能在自己的终端看到成衣穿着的动态效果，可以任意选择最适合、最满意的成衣。网上虚拟成衣设计是把设计和销售虚拟结合，是当今网站最成功的销售方式。

（二）网络在线设计

一切艺术设计的表现手段都是随着社会的发展、科学技术的发展，在艺术理念的指导下自然形成的。对于成衣企业来说，设计是企业跳动的脉搏，设计永远服务于顾客和市场。只有网络成衣设计才能把顾客带上设计舞台，实现顾客与企业之间的互感互动，从而实现真正意义上的网络成衣设计。虚拟成衣设计利用网络进行在线设计，顾客与设计师共同设计，利用人体三维成衣模型进行二维成衣片的设计，并把成衣衣片缝合后穿戴在三维人体模型上。通过选择和设置布料的物理机械性能参数，设计师可以对话式地进行成衣和人体的动力学运动模拟和仿真。通过观察三维成衣的运动模拟和仿真效果，设计师便可以直观地考察成衣设计效果和布料及图案选择，如果对结果不满意，可以马上在二维或三维空间进行衣片形状和材料的修改来改善其效果。

二、绿色成衣设计

由于现代生活节奏加快，人们的精神高度紧张，开始重新认识到宁静的田园生活的温情。因此，在成衣设计中出现各种反映宁静、安逸、平和、浪漫的乡村田园题材，在新观念的指导下，以新的表现形式和新型仿真面料进行成衣设计。"绿色设计是以节约和保护环境为主旨的设计理念和方法。从美术设计的角度，回归大自然，将自然界的形态，特别是将色彩引入设计，去唤起人们热爱自然、保护自然的意识。"❶设计师以各种形式、技法表现对自然的推崇和重视。

三、文化内涵成衣设计

21世纪是文化的世纪，人们对文化具有更为迫切的需求，这要求成衣设计师赋予服装不同的文化内涵。人们认为网络是现代的而民族文化是后现代的，对于成衣的文化内涵更要继承民族传统，寻觅中华民族传统文化之魂，守住中华民族生生不息的民族精神。

四、超维视觉成衣设计

过去，设计师强调空间构成的作用，但只是平面的空间，许多设计师把设计的空间视为平面的空间构成，忽视它的环境美和整体美。超维是指一维空间的线，二维空间的面，三维空间的体积，四维空间的时间，五维空间的意念。现代超维视觉设计就是把人、人的心理、人的视觉和人的审美及人的情趣等诸多因素融入产品的设计中去，是在原来五维设计基础上的超越提高，超维设计注意对环境心理学和观赏心理学的运用，它已经超出了空间的维度关系。超维视觉设计观念是在原来五维空间基础上的提高和超越，成衣在不同空间中就有不同的空间位置。超维设计开拓和丰富了设计人员的视觉设计思维，从过去只重视画面的造型、色彩、构图的狭小空间里站出来，以超维视觉的设计观念，以更高的创作精神，以科学技术对人的心理、环境进行全面的关注，统筹设计，提高了整体开发空间。

---

❶ 郭斐，吕博．艺术设计与服装色彩 [M]．北京：光明日报出版社，2017：175．

第二节　现代成衣的设计风格

一、现代成衣设计的基础风格类型

（一）经典风格的现代成衣

经典风格的现代成衣指的是运用传统的或者在某个时代、某个时期具有代表性的成衣要素进行设计而形成的现代成衣风格。如西装的驳领及造型都具有经典服装风格的特征。经典风格比较保守，不太受流行左右，追求严谨而高雅，文静而含蓄，以高度和谐为主要特征。经典风格的现代成衣整体效果端庄大方，具有传统现代成衣的成熟特征，工艺讲究，体现穿着品质（图2-1）。

图2-1　经典风格的现代成衣

经典风格的现代成衣的设计要点有七点：其一，造型要符合传统审美观念，以人体特征为基础，体现稳重的 X 型、Y 型、A 型，表现为收腰，下摆展开，宽松量适中；其二，色彩饱和度高，偏中性，纯度较低，以藏蓝、酒红、墨绿、宝石蓝、紫色等沉静高雅的古典色为主；其三，面料多选用传统的精纺面料，以彩色单色面料和传统的条纹和格子面料居多；其四，工艺讲究，板型体现高雅、端庄、大方的特征；其五，使用常规的结构线，如公主线、腰省线等，用结构线做装饰的不是很多；其六，部件有常规的领、袖和口袋，在形状、量态、大小、位置变化和流行有一定的关系；其七，在关键部位如领子、胸部进行局部的绣花或用装饰配件进行点缀。

（二）前卫风格的现代成衣

前卫即先端，是先别人的行为而为之，体现在现代成衣产品中，是前端流行文化的折射。前卫风格的现代成衣就是打破传统和经典的设计，追求新潮、个性和具有现代设计元素特征的现代成衣。受波普艺术、抽象派艺术等影响，前卫风格的现代成衣造型特征以怪异为主线，富于想象，运用具有超前流行的设计元素，线型变化较大，局部造型夸张，强调对比因素，追求一种标新立异、反叛刺激的形象，是个性较强的现代成衣风格，表现出对传统观念的背叛和创新精神。前卫风格的现代成衣常出现不对称结构与装饰，装饰手法如毛边、破洞、磨砂、打补丁、挖洞、打铆钉等。面料多使用奇特新颖、时髦创新的面料，如真皮、仿皮、牛仔布、上光涂层面料等，且不受色彩限制（图2-2）。

图 2-2　前卫风格的现代成衣

前卫风格的现代成衣的设计要点有七点：其一，前卫风格的成衣在造型上可同时使用点、线、面、体四种基本元素，造型元素的组合以变异、打散、交错、重叠为主，可大面积使用点造型，排列形式变化多样，体造型是前卫风格的服装中经常使用的元素，尤其是对局部造型进行夸张时多用体造型表现，如多层半浮雕领、立体袋、膨体袖等；其二，色彩对比强烈，在明度、纯度、饱和度上进行多重的、跨度大的对比；其三，以具有新时代特征的时髦面料为主，突出奇特新颖、色彩刺激的效果，如各种光亮的真皮、仿皮、牛仔、上光涂层面料等，面料不受品种、色彩的限制；其四，将缝、绣、结、拼、粘、贴等传统技术与新技术结合运用；其五，用不同形式的线造型，结构线、分割线、装饰线均有，整齐的线条排列较少；其六，领、袖和口袋在形状、量态、大小、色彩、位置变化上可以进行夸张的创意设计；其七，在服装的主要位置和关键部位用不同的材料进行装饰，达到新颖的效果。

（三）中性风格的现代成衣

中性风格的现代成衣有两层含义：其一，指现代成衣的特征没有呈现明显性别特征，男女都可穿着；其二，将具有男装特征的一些元素与女装中的一些柔性元素进行结合设计，使其柔美中透出阳刚的气质。中性风格的现代成衣有一定时尚度，是较有品位而稳重的现代成衣风格，以线造型和面造型为主，大多对称规整。廓型以直身型、筒型居多。色彩明度较低，较少使用鲜艳的颜色。面料选择范围很广，但不使用女性味太重的面料（图 2-3）。

图 2-3　中性风格的现代成衣

中性风格的现代成衣的设计要点有七点：其一，中性风格的女装造型以软硬结合为主，追求刚与柔、直与曲，硬与软的结合，如硬朗的领型结合曲线美感的款式线条，而普通的中性服装款式是一种在常规服装款型中无性别倾向性的设计；其二，避免使用给视觉带来疲劳感的高纯度色彩，以清新、明快、中性的色彩为主，比较明朗单纯；其三，面料多为精纺面料、天然面料、针织面料、牛仔面料；其四，工艺板型要合理；其五，结构线、分割线、装饰线以直线为主；其六，领型、袖子和口袋的设计具有自然合理、中性化的特点，部件的量态、大小、位置变化以实用和恰到好处为主；其七，女性的中性服装可小部分运用图案、刺绣、花边、缝纫线等进行装饰。

（四）简约风格的现代成衣

简约风格是一种尽可能运用最少的设计元素，通过别致的设计，达到简洁而不简单的效果。设计时尽可能使设计元素高度集中，设计元素、种类、性质和量态尽可能减少，但应避免简陋或简单的问题（图2-4）。

图2-4　简约风格的现代成衣

简约风格的现代成衣的设计要点主要有六点：其一，形态简洁但具有特点，以避免出现简单的效果。越是简单的越是难设计的，这就要求简约风格的服装在造型设计中，要对某个要素或部件进行独特设计；其二，避免使用太多的颜色，在明度、纯度上尽可能减少对比，以视觉舒适的中性色彩为主，效果明朗单纯；其三，面料追求质感上的软硬适中，具有表面肌理变化的天然面料和混纺面料是简约风格的服装的最佳选择；其四，简约风格的服装在内部的结构上变化不多，没有太多的分割结构线和装饰线；其五，领型、袖子和口袋的设计遵循一个关键点 —— 只择其一，以达到简洁的目的，关键点的部件设计要自然、合理、恰到好处，形状变化以统一于服装的简约风格为主；其六，简约风格的服装在主要位置和关键部位进行装饰的不多，运用的也是点缀性装饰。

（五）民族风格的现代成衣

民族文化经过历史发展的积淀，形成了本民族独特的文化。浓郁的文化气息，使现代成衣具有了人类历史文化价值，而不只是单纯的消费品和生活用品。用民族元素进行设计，是目前现代成衣界重要的设计手段，同时也得到了消费者的认同。民族风格的现代成衣在设计时，常在款式、色彩、图案、材质、装饰等方面做适当调整，汲取时代的精神、理念，借用新材料以及流行色等，以加强现代成衣的时代感。民族风格的现代成衣一般衣身宽松悬垂，多层重叠且经常左右片不对称，衣身边缘处常运用传统民族工艺，如镶边、滚边、贴边、刺绣、流苏等（图2-5）。

图 2-5 民族风格的现代成衣

民族风格的现代成衣的设计要点主要有七点：其一，款型是民族服装的一个重要设计要素，各民族服装的造型都有较大的差异，所以民族风格的服装款型比较灵活，不受固有款式的影响，可根据需要的民族风格进行参照设计；其二，民族服装的最大特点就是色彩比较单纯，而且很多都是大面积的运用，民族服装给人的第一印象就是色彩，如果将这一特点直接运用到现代民族风格的服装设计中，就会感觉设计的独创性不强，还脱离不出原物的影响，所以现代民族风格的服装设计都是对色彩进行有选择的运用，通过与中性色彩的结合、对比来体现传统与时尚的统一；其三，民族风格的服装面料体现朴实、自然的感觉，大多运用天然的棉、麻、毛、丝材料，并尽可能体现手工工艺效果的面料质感，体现具有纹理特征的面料材质；其四，民族风格的服装采用缝、绣、结、拼、粘等传统技术与新技术结合的工艺，以体现传统与民族的内涵和韵味，很多民族服装都有自己的制作工艺特点，如开衩、镶边、抽褶、嵌条、流苏等；其五，民族风格的服装结构比较简单，大多是服装设计中的常规结构，如门襟、开衩等；其六，民族风格服装的部件是很能体现风格特征的设计要素，很多民族服装的风格往往体现在领子、袖子和口袋等这些小细节上，所以把握部件的特点，经过变化设计就能保持民族服装的风格；其七，在民族服装元素或民族文化元素的设计中，常利用面料、色彩、图案、花纹来表现服装的整体风格。

（六）运动风格的现代成衣

运动风格是借鉴运动装的设计元素，充满活力，具有都市气息的现代成衣风格。运动风格的现代成衣常运用块面与条状分割及拉链、商标等装饰。线造型以圆润的弧线和平挺的直线居多；面造型多使用拼接且相对规整（图2-6）。

图2-6　运动风格的现代成衣

运动风格的现代成衣的设计要点主要有六点：其一，运动风格的服装多使用块面、线条造型，而且多为对称造型，线造型以圆润的曲面和平挺的直线居多，面造型多使用拼接形式而且相对规整，点造型使用较少，轮廓自然宽松，便于活动；其二，色彩在纯度、色相、明度上可进行大的对比，以明亮色、白色为基调，配以色彩鲜艳的红色、黄色、蓝色等，以对比鲜明的配色为特征，从而达到明快、活泼、激情的效果；其三，运动风格的服装多采用针织、棉等面料，尤其重视使用功能性材料，多用棉、针织、棉与针织的组合搭配等突出机能性的材料；其四，在设计细节上常采用缉明线、拼贴等手法；其五，服装结构清晰，多用分割线装饰，结构具有块面特点；其六，领型具有运动服装的特点，袖子和口袋的设计强调各自的独特性，与硬朗的整体效果协调统一，加以适当的夸张或变形的设计。

（七）优雅风格的现代成衣

优雅风格具有较强的女性特征，兼具时尚感以及较成熟的外观和品质，是较华丽的现代成衣风格。优雅风格的现代成衣追求品质与华贵，并具有时尚与经典的特征，面料、工艺、装饰考究，色彩以具有品位和内涵的中性色为主，整体效果优雅稳重。优雅风格的现代成衣讲究细部设计，强调精致感觉，装饰比较女性化。廓型线较多顺应女性身体的自然曲线，表现成熟女性优雅稳重的气质，色彩多为柔和的灰色调，用料高档（图2-7）。

图2-7　优雅风格的现代成衣

优雅风格的现代成衣的设计要点有七点：其一，简洁和隐约中体现女性的优美线条，以曲线造型为主，自然地衬托出女性的关键部位，如肩部，胸部、腰部、臀部；其二，颜色多采用柔和的、视觉感舒适的中性色调，配色常以同色系的色彩及过渡色为主，较少采用对比配色；其三，用料高档讲究，以柔软、悬垂的面料来表现女性优美的线条，塑造出女性优美、文雅的气质；其四，在细节部分运用抽褶的形式使高雅时装更具动感；其五，优雅风格的服装在内部结构上变化不多，没有太多的分割结构线；其六，领型、袖子和口袋的设计遵循与整体服装风格统一协调的原则，服从整体效果，不能进行夸张的设计，关键点的设计要自然、合理、恰到好处；其七，可运用图案、刺绣、花边、缝纫线迹等在关键的部位进行装饰，以达到点缀的效果。

（八）休闲风格的现代成衣

休闲风格是以穿着和视觉上的轻松、随意、舒适为主，年龄层跨度较大，适合多个阶层日常穿着。色彩比较明朗单纯，具有流行特征，结构和工艺多变化，装饰手法多样。点、线、面、体的运用没有太明显的倾向性。面料多为天然的棉、麻织物等，强调面料的肌理效果或者将面料进行涂层、亚光处理（图 2-8）。

图 2-8　休闲风格的现代成衣

（九）混搭风格的现代成衣

混搭风格的现代成衣总体偏向休闲，其细节设计比较自由。混搭风格是指将不同风格、不同材质、不同价值的元素按照个人喜好搭配在一起，从而混合搭配出完全个性化的风格。混搭看似漫不经心，实则出奇制胜，虽然是多种元素共存，但仍要确定一个主基调，以这种主基调为主线，其他风格做点缀（图 2-9）。

图 2-9 混搭风格的现代成衣

（十）商务风格的现代成衣

商务风格的现代成衣讲究静与动的合理结合，款式多样，造型上趋于简单和流线型，在细节、面料、色彩的选择与处理上体现着装者的活力与良好品位。商务风格的现代成衣大量使用自然沉稳的色彩，如典雅的鹅黄、率性的橙色、中性的咖啡色等，或者简洁的黑白色中加以明快的彩色色块。细节处理上多借鉴优雅风格和经典风格的设计，线条修长，同时加入休闲时尚的设计元素，面料常选用正统中略带休闲感觉的面料（图 2-10）。

图 2-10 商务风格的现代成衣

二、现代成衣设计的其他风格类型

（一）历史风格的成衣设计

1. 古希腊风格的成衣设计

希腊民族追求个性，崇尚艺术，古希腊的成衣崇拜自然的人体美，以优雅、飘逸见长，轻薄的面料能够体现出希腊成衣所特有的垂顺感，多采用不经裁剪、缝合的矩形面料，通过在人体上的披挂、缠绕、装饰别针、束带等基本方法，形成了"无形之形"的特殊成衣风貌。希腊的建筑主要是神庙，其服饰风格也同建筑一样充满了自然、清新、单纯和高贵的特征。如今人类对生态环保投入了更多的关注，古希腊成衣风格在此主题之下散发着无限的活力，它松弛、舒展、随意的造型风貌已凝练成为一种跨越时间长河的经典风格，它灵动的褶裥线条、多变的款式造型以及系扎、别针、装饰细节等已化为典型符号。古希腊风格的成衣最大限度地体现了"布"的艺术，通过面料在人体上的披挂与缠绕，形成连续不断、自由流动的线条。随意、自然、富于变化是这类成衣的重要特点（图 2-11）。

图 2-11　古希腊风格的成衣设计

2.哥特式风格的成衣设计

在哥特式艺术流行的几百年中，欧洲成衣也明显受到哥特式艺术的影响。例如，形似小尖塔的汉宁帽，两条裤腿颜色各异的紧身裤，尖尖的翘头鞋，饰以不对称图案的上衣等。哥特式艺术是夸张的、不对称的、奇特的、轻盈的、复杂的和多装饰的，以频繁使用纵向延伸的线条为特征。哥特式风格表现在成衣上是设计师力求塑造具有奇特、诡异、阴森、凄凉甚至恐怖气氛的成衣，多用黑色或其他暗色。设计师常用面料的厚与薄、遮与露、光与毛之间的对比体现哥特式风格的独特氛围（图2-12）。

图 2-12　哥特式风格的成衣设计

3.古典主义风格的成衣设计

古典主义作为一种艺术风格，以合理、单纯、适度、约制、明确、简洁和平衡为特征。古典主义的成衣风格是指应用古典艺术的某些特征进行设计的风格。在现代成衣设计中，古典主义风格有广义和狭义之分：广义上的古典派是指构思简洁单纯、效果端庄典雅设计稳重合理的成衣；狭义是指继承或较大程度上受到古希腊、古罗马成衣风格影响的作品。古典主义风格的成衣没有冲撞与对比，没有过多的装饰细节与繁杂的搭配，以舒缓、合理的线条展示女性的曲线美，因此，古典主义风格的女装经常被定义为优雅、完美、理性、实用，代表一种精致舒适的生活方式（图2-13）。

图 2-13 古典主义风格的成衣设计

4.浪漫主义风格的成衣设计

浪漫主义注重个人情感的表达，其形式较少拘束且自由奔放，通过幻想或复古等手段超越现实。对于成衣来说，浪漫主义风格是指主张摆脱古典主义风格过分的简朴和理性，反对艺术上的刻板僵化，常用瑰丽的想象和夸张的手法塑造形象。由于人们对现代工业所带来的单调冷漠情绪表现出逆反心理，开始重视民族、民间传统，从历史和民族成衣中寻找设计灵感，使得崇拜自然、表现大自然绚丽色彩的浪漫主义风格得以再度流行。浪漫主义风格那柔和婉转的线条、文雅浅淡的色调、轻柔悬垂的面料，都表达出对往日浪漫情怀的思念（图 2-14）。

图 2-14 浪漫主义风格的成衣设计

5.巴洛克风格的成衣设计

巴洛克风格是指追求一种繁复夸张、富丽堂皇、气势宏大、富于动感的艺术境界。巴洛克风格的成衣常追求形式美感和装饰效果，充满梦幻般的华贵、艳丽以及过于装饰性的奢华、浮夸，给人一种繁杂和气势宏大的效果。进入21世纪，设计师不再囿于传统巴洛克元素的表现，带有年轻、前卫、颓废的新巴洛克形象成为一种趋势（图2-15）。

图2-15　巴洛克风格的成衣设计

（二）地域风格的成衣设计

1.中国风格的成衣设计

纵观中国传统服饰，其总体特征突出表现为：直线裁剪，平面展开，宽襦大裳，强调线型和纹饰的抽象寓意性表达，这些特征使中国传统成衣不同于西方成衣的直观静态美，显露出一种含蓄动态美。其内在传统美通过造型、色彩、纹饰、肌理等具体型式呈现出来。此外，中国传统瓷器造型、建筑中的飞檐造型、京剧脸谱的图案等，同样是中国成衣的常用元素。中国传统服饰元素与传统文化元素在现代成衣设计中很受欢迎，由此形成了中国风格的成衣设计（图2-16）。

图 2-16　中国风格的成衣设计

2. 非洲风格的成衣设计

非洲风格主要是从非洲神秘富饶的大地上汲取灵感，如动物图腾、印花、原始部落擅长使用的皮革与皮草，都是其设计元素。配饰也是非洲成衣的灵魂所在，如木头、贝类、动物角和骨骼制成的大串项链，纯手工刺绣等都散发着原始古朴的气息。如今，时尚界也是淹没在一片非洲风情之中，例如，从土著部落获得灵感的编织装，配以木珠、卵石、黄金；用缤纷的色彩，加上具有非洲情调的印花、皮革与街头、古典蕾丝的拼接组合；抑或将非洲面具、图腾等符号转换成华丽的水晶刺绣、串珠编织做成气势磅礴的晚礼服作品；还有引用大量的非洲丛林元素，利用动物印花雪纺、蟒蛇皮纹、编织网等素材设计的套装（图2-17）。

图 2-17　非洲风格的成衣设计

3.波希米亚风格的成衣设计

波希米亚代表的是一种前所未有的浪漫化、民俗化、自由化，通过浓烈的色彩、繁复的设计，带给人强烈的视觉冲击和神秘气息。而今，波希米亚风格已演绎成为一种单纯的时尚，表现在服饰上，保留了某种游牧民族的特色，以特别的手工装饰风格和粗犷厚重的面料来吸引眼球。波希米亚风格的最大特点可以说是兼收并蓄，它融合了多地区、多民族的元素，如花边、褶皱、绳结、流苏、腰带、镂花、刺绣、亮片等，将多变的装饰手段巧妙地统一在其中。色彩更是迷乱瑰丽：暗灰、深蓝、黑色、大红、橘红、玫瑰红等，复杂丰富（图2-18）。

图 2-18　波希米亚风格的成衣设计

（三）后现代风格的成衣设计

1.朋克风格的成衣设计

朋克族喜欢穿着黑色紧身裤、极具特色的 T 恤，皮夹克上缀满亮片、铆钉、拉链，朋克风格从伦敦街头迅速传播到欧洲和北美。以极端方式追求个性的朋克一族带有强烈易辨的群体色彩，这成为与主流社会相对的另类文化现象。朋克成衣常将看似不相关的元素加以组合，并加入自己的构思，同时追求硬朗和感官刺激，甚至是侵略和暴力感觉的穿着效果，无论在款式、色彩、图案、材质还是具体搭配上均体现这类特点。此外，朋克风格还追求特殊的对比效果，如质感（厚与薄、轻与重、光与毛等）、大小、长短、比例等（图2-19）。

图 2-19 朋克风格的成衣设计

2. 解构主义的成衣设计

解构主义指对不容置疑的传统信念发起挑战，解除传统的规格与结构，重新构建。解构主义与传统西方审美存在本质差异，它不强调体型的曲线美感，却特别重视成衣材质和结构，关注面料与结构造型的关系，通过对结构的剖析再造来达到塑造形体的目的。由于不确定成分居多，因此在造型上常常表现出非常规、不固定、随意性的特点。外观视觉上带有未完成的感觉，似乎构思全凭偶然。由于突破传统的设计思维模式，用此理念进行设计往往能取得非常规的成衣外型和衣身结构。后现代派时装设计师以解构为手段，追求一种自由模式，建构、解构互为因果，共同构成一个事物的循环整体。

日本设计大师三宅一生对解构主义成衣所做的解释："掰开、揉碎、再组合，在形成惊人奇特构造的同时，又具有寻常宽泛、雍睿的内涵。"[●]解构主义的创新并不是凭空捏造，而是在以往的设计基础上加以改造创新。解构主义对成衣的分解往往是有目的地撕裂，拆开固有的衣片结构，打散原有的组织形式，通过加入新的设计形式重新组合、拼接、再造，并对面料甚至色彩进行大胆改造，使之呈现全新的款式和造型。

解构风格的成衣是美也好，是凌乱也罢，都是设计师对新表现手法孜孜不倦的追求，从一个新的视野去审视和挖掘成衣的内涵，为成衣的整体概念又打开了一席新空间。在成衣上主要表现在领、肩、胸、腰、臀、后背等部位，运用省道、分割线、抽褶、褶裥、拼接、翻折、卷曲、伸展、缠裹、折叠等设计手法，

● 陈彬. 时装设计风格 [M]. 上海：东华大学出版社，2016：160.

把原有的裁剪结构分解拆散，然后重新组合，形成一种新的结构，或者改变传统面料使用方法和色彩搭配方法。解构的结果常常是标新立异、变化层出，令人耳目一新（图2-20）。

图2-20 解构主义的成衣设计

（四）艺术风格的成衣设计

1. 太空风格的成衣设计

太空风格的成衣设计灵感来自外太空星球，表现了现代文明的速度、剧烈运动、音响和四度空间。与常规设计构思有所不同，无论是在造型、款式、色彩、材质还是配件等方面，太空风格的成衣设计在款式和细节处理上带有中性倾向，这种中性感超越了性别范畴，给人以想象的空间，在设计上具有前卫性和现代感（图2-21）。

图2-21 太空风格的成衣设计

2.田园风格的成衣设计

现代工业中污染对自然环境的破坏，繁华都市的嘈杂和拥挤，高节奏生活给人们带来的紧张繁忙，社会上的激烈竞争，暴力和恐怖的加剧等，都给人们造成种种的精神压力，使人们不由自主向往精神的解脱和舒缓，追求平静单纯的生活空间，向往大自然。田园风格的成衣设计崇尚自然，反对虚假的华丽、烦琐的装饰和雕琢的美。自然合体的款式、天然的材质，给人们带来了犹如置身自然的心理感受，具有一种悠然的美。田园风格的成衣设计，是追求一种不要任何装饰的、原始的、淳朴自然的美（图2-22）。

图 2-22　田园风格的成衣设计

3.洛丽塔风格的成衣设计

洛丽塔风格的成衣设计突出的特征就是蕾丝边、蓬蓬裙、公主袖、蝴蝶结，黑色与白色为其主要颜色，而玫瑰红、粉红也是洛丽塔装的代表颜色，展现出十足的女性特征。成衣充满了童话意味和冷艳、绝美的诱惑力，与人们的平时生活产生了强烈的反差。洛丽塔风格主要有三大族群："甜美可爱型"，多为甜美可人的风格，以粉色系列为主，运用大量蕾丝褶皱裙，缔造出洋娃娃般的可人形象；"哥特式"在欧美尤其流行，以黑色、白色为主，弥漫着恐怖与诡异气息，配上黑色的指甲和唇色，缔造颓废气质；"经典式"是最常见的款式，裙身多为荷叶边，透过碎花和粉色表现出清纯的感觉（图2-23）。

图 2-23　洛丽塔风格的成衣设计

4. 新嬉皮士风格的成衣设计

嬉皮这种独特的文化现象不仅对包括摇滚乐在内的西方文化产生影响，在成衣方面更是将多种元素奇妙地融合，开创了成衣领域的新风格：艳丽紧身的喇叭裤、T恤或天然纤维扎染的布衣，穿着近乎赤足的凉鞋，佩戴绚丽的和平勋章，披挂长形珠串，头上插花，颈上戴花环等。新嬉皮风格延续嬉皮风格多种元素混搭的特点，酷爱时装的毛边、喇叭裤、民族情调的饰品、刻意营造的"自然"味道等。新嬉皮士不再那么激烈过度，不再那么肮脏邋遢，不破破烂烂、披披挂挂，而是修饰整齐，但仍隐藏不住骨子里的奢华和享乐主义（图 2-24）。

图 2-24　新嬉皮士风格的成衣设计

5. 极简主义风格的成衣设计

极简主义风格的成衣设计推崇洗练的造型、精准的结构、素雅的色彩、舒适的材料以及简约的装饰处理，使成衣展现理性之美、纯净之美和现代之美。设计手法强调恰如其分，在不影响成衣功能的前提下运用非常精到的手法和巧妙的构思，给视觉或心灵带来强烈冲击力。成衣造型款式上的极简，其实是强化了对成衣面料的要求，面料表面的肌理、成分和给人的心理感受体现成衣的品质。因此，极简主义设计师非常重视面料肌理和面料的构成成分（图2-25）。

图 2-25　极简主义风格的成衣设计

6. 波普 / 欧普风格的成衣设计

波普艺术又称"新写实主义"或"新达达主义"，提倡艺术回归日常生活和通俗化。成衣设计师从音乐、电影、街头文化甚至政治人物中汲取灵感，把日常生活中常见的元素进行放大、重复等，从而产生新的视觉形象。波普风格表现在成衣设计中是大量采用发光发亮、色彩鲜艳的人造皮革、涂层织物和塑料制品等制作成衣（图2-26）。

图 2-26　波普风格的成衣设计

　　欧普艺术又称"光效应艺术"或"视幻艺术"，是波普艺术的衍生物。欧普艺术的特点是利用几何图案和色彩对比造成各种形与色、形与光的跳跃，使人产生视错觉。许多设计师将视觉学应用在面料上，使其具有极大的优势，具体表现为：其一，图案、形式无规则排列，利于面料大批量生产；其二，图案的无限性分布，使成衣仍能完整地体现其艺术魅力；其三，图案的具体造型体现了时代特征，隐喻了高科技、超信息、机械化、快节奏的生活（图 2-27）。

图 2-27　欧普风格的成衣设计

第三章
现代成衣设计的价值属性和分类

成衣作为人们日常生活着装的必需品，其意义和类别都是多方面的，就成衣的价值属性来说，可以从经济、社会、文化、精神等多方面进行分析。成衣也依据不同的分类标准呈现出多个类别。

第一节　现代成衣设计的价值属性

成衣作为现代人活动和工作的一种生活品，具有经济、文化、社会、精神等多方面的价值属性。

一、成衣的经济价值属性

成衣设计是以市场的运行规律为基础，以市场需求为导向的设计，不能简单地仅凭设计师的主观判断来设计。成衣设计是成衣销路的关键，必须以消费者的反应来评定产品的成败，所以在成衣设计之前要先了解成衣工业的特性，全面正确地理解成衣设计的本质。

　　由于成衣与市场之间密不可分的关系，成衣也具有经济属性。成衣是工业化的商品，用来满足社会各阶层的需求，是面向大众的产品。所以，不仅成衣的设计离不开对消费者市场的调研，成衣的生产同样也离不开经济原则。成衣进入市场后，销售数据是衡量其成功与否的唯一标尺。数据是最有话语权的评判标准，与利润直接相关。

　　随着社会、文化和经济的进步，体验经济的兴起是大势所趋。21世纪是体验经济时代，营销环境、消费需求、消费心理和消费行为都有了根本性变化。从现今商业模式的角度来分析，体验经济时代最鲜明的特征是企业由原来的为消费者提供货品、制造商品的商业模式发展到为消费者提供服务。这种服务提供的是一种让客户身在其中并且难以忘怀的体验，最终与消费者实现共同体验的商业模式。体验经济时代的到来是现代生产和社会发展的必然趋势，同时，体验经济时代的消费者需求层次逐渐向高端转移，开始追求个体意识和自我实现，对情感和体验因素的需求日益高涨，因此，以消费者为导向的品牌战略也要相应地创新。这就要求服装企业以成衣的经济属性为前提，站在消费者市场多元化、个性化需求和服务体验的角度来进行成衣品牌的文化定位及成衣设计。

二、成衣的文化价值属性

　　服装反映出各族人民的生活习惯、性格、爱好及民族文化。不同的国家有着不同的民族服装、民族文化，不同的民族都有各自的服装式样、装饰和特色。如中国的唐装汉服、日本的和服、韩国的韩服、泰国的泰服、法国的哥特式服装等。

　　21世纪的今天，成衣市场的竞争不仅仅是款式的竞争，更是品牌的竞争。现在成衣的款式非常多，不同款式之间的差异性在不断缩小。因此，辨别差异性的重要标志是品牌，品牌在为成衣服装做出各种解释，赋予成衣服装文化上的意义。越来越多的人把服装消费理解为是一种文化消费，与观看电影、欣赏艺术作品划为同类，而不是一种物质性的消费。因此，服装是消费者的一种自我展现，是一种生活方式和价值观念的表达。

三、成衣的社会价值属性

　　人类是社会群体，服装也具有社会化的特征。服装式样和色彩的选择可以反映出人们的社会职业、社会层次及社会状态。服装是一种强烈的、可视的交流语言，它能告诉人们穿着者是哪类人、不是哪类人或将要成为什么样的人。

成衣作为人们的日常着装，与人们生活的方方面面息息相关。可以说，成衣的社会属性指的是其标识属性。人们经常根据不同的场合来变更自己的服装，通过不同的服装来表达不同的社会角色。除了日常生活中的便服、居家服以外，还有各类工作服、职业服和特殊防护服等。随着社交生活的日益丰富，出席各种活动时穿用的礼服已成为人们生活中不可缺少的服装，如出席开幕式、宴会、游园、正式拜访、婚礼等场合穿着的服装。

成衣的社会属性还包括其实用性、科学性。人是社会的主体，服装是为人服务的，除标识作用外还具有蔽体、御寒、装饰的作用。"实用、经济、美观"是服装设计最基本的原则。其中"实用"在设计原则中排在第一位，这说明了实用的价值和重要性。广义的"实用"理解为服装的各种机能表现。在日常生活中，成衣的实用性被体现得淋漓尽致，主要表现为成衣款式适体、材料适宜、色彩美观。成衣的科学性，一方面表现为成衣工业化生产的科学性、机械性，另一方面表现为成衣自身的各种物理性能和化学性能以及这些性能与人体之间的和谐关系。所以可以这样说，成衣设计是以人文本的设计。

四、成衣的精神价值属性

不同时期，消费者对于成衣有着不同的消费心理诉求，同时对"美"也有着不同的心理评价标准。随着生活水平的提高以及消费经验的丰富，消费心理不断成熟，对于"美"体现出更大的包容性。人们的心理追求从"基本追求""求同""求异"，发展到"优越性追求"，继而发展至"自我实现追求"。如今的消费摆脱了基本生存需求的束缚，心理追求向高层次发展，追求的动机更多地来自内在需求，使得消费需求与消费行为趋向于满足自我实现，形成消费需求的个性化趋势，而这样的变化来自人们自我意识与自身个性的觉醒。人们对于穿着的消费需求，开始从注重实用性与功能性，向注重服装体现出来的内在信息转变，需要穿着不同于他人的服装以表现自己独特的气质与风貌。面对这样的心理需求，设计师进行成衣设计时就必须进行款式、色彩、面料等方面的局部创新。

不同年龄层对成衣的心理需求不同，因而童装、少女装、少妇装、成熟男装、老年服装在设计上有不同的要求。童装设计强调的是活泼、健康、便于穿脱、舒适，符合儿童好奇的性格特点。少女装设计要求价格适宜、风格多样、符合流行趋势。少妇装不同于少女装，其设计风格大多追求端庄、稳重，且不会忽视对流行趋势的追求，款式以合体为主，不太会采用极强的对比色。成熟男装在设计上则要求稳重、内敛，但也不失时尚，体现品位、精致，这主要是因为这类消费群体具有一定的经济实力和社会地位。老年服装考虑到老人年龄、心态、阅历等方面，其在颜色设计上偏爱素淡、不花哨，款式设计上较少考虑流行趋势，以经典款为主。

不同地域、民族的人群对成衣服装的心理诉求也不同。因此，在进行民族风格的成衣设计时应尽可能地实地考察，了解他们的地域环境、民族文化，更重要的是其心理诉求。成衣风格是成衣精神属性的一种诠释，是成衣的特质、象征意义给顾客带来的消费体验，并将其整合成一个完整的体系，从而派生出于风格相符的系列产品。

第二节　现代成衣设计的分类

一、依据市场定位与消费取向分类

（一）高级成衣

高级成衣是随着高级时装市场的萎缩和服装工业化生产的兴起而出现的，高级时装公司的设计师将原来地位崇高的高级时装加以再设计，转化为相对易于工业化生产的形式，从而进行小批量加工生产，即为高级成衣，它既保持了原高级时装的设计精髓与风貌，又因其价格大大低于高级时装而广受青睐。

与普通成衣相比，高级成衣的板型、规格要求更高一些，面料更为考究，多采用一些成本较高的面料，在板型设计、工艺制作、细节装饰上更细致讲究，同时会根据款式的需要加入一定的手工制作工艺，重视品牌的风格和设计理念。多数高级成衣品牌带有强烈的设计师个人风格，特别是随着"快时尚"风潮的演进，高级成衣与普通成衣的区别已不仅仅在于成衣产品批量的大小和质量的高低，关键在于其个性与品位。

（二）品牌成衣

品牌成衣的消费对象是针对大多数中等收入以上的工薪阶层，品牌成衣是成衣市场的主流，其生产批量适中，一般来讲做工精致、风格多样、规格齐全、价格适度。品牌成衣以其鲜明的风格定位去博得某一固定层面的市场消费群的青睐。

（三）大众成衣

大众成衣指的是一般的服装设计公司创立的成衣品牌，设计师个人的风格与个性相对弱化，其更多的是通过设计团队的力量对流行元素进行整合，以目标市场的需求为出发点，跟进流行，是面向大部分消费者的成衣类型。

大众成衣的目标市场为中档或中低档消费层，采用低价的面料和简单的加工工艺制作，使成衣售价更低廉，普及面更广。只有规模化、批量化的生产，工序的减少才能节约成本，成本降低才更能为广泛的大众群体提供可以接受的产品与服务。

二、依据成衣类别分类

依据服装品类分类是企业应用最多的一种分类方法，如套装、上装、下装、内衣、外套等。在服装行业，品类是进行服装细分时所必需的最小区分单元。不同的企业对品类的认定不尽相同，有的企业可能将套装作为一个品类。成衣品类众多，主要有以下几种。

（一）西服

西服又称西装，即西式上衣的一种形式。按钉纽扣的左右排数不同，可分为单排扣西服和双排扣西服；按照上下粒数的不同，分为一粒扣西服、两粒扣西服、三粒扣西服等。粒数与排数可以有不同的组合，如单排两粒扣西服、双排三粒扣西服等；按照驳头造型的不同，可分为平驳头西服、戗驳头西服、青果领西服等。西服作为国际通行的男士礼服，现已融入一些时尚因素，演变出其他风格的非正装的休闲西服等。

（二）背心

背心也称为马甲，是一种无领无袖，且较短的上衣。穿着后可以使前后胸区域保暖，且双手活动自如。一般是穿在衬衣之外，也可以穿在外套之内。主要有西服马甲、棉背心、羽绒背心及毛线背心等。

（三）牛仔服

牛仔服原为美国人在开发西部、淘金热时期所穿着的一种用帆布制作的上衣，其后通过影视宣传及名人效应，发展成为日常生活穿着的服装。牛仔服具有坚固耐用、休闲粗犷、自然质朴等特点，已经成为全球性的代表服装。现已发展出牛仔夹克、牛仔裤、牛仔衬衫、牛仔背心、牛仔西服装、牛仔马甲裙、牛仔童装等各种款式。

（四）衬衫

衬衫有两种基本的款型：一是作为内穿配西装的传统衬衫，特点是袖窿较小，便于穿着外套；二是外穿的休闲衬衫，袖窿比较大，便于活动，花色繁多。

（五）大衣

大衣是指为了防风御寒，上下连为一体，穿在一般衣服外面的长外套。根据长短可以分为短大衣、中长大衣和长大衣；根据服装面料的不同，其主要品种有毛呢大衣、棉大衣、羽绒大衣、裘皮大衣、皮革大衣、人造毛皮大衣等。

（六）泳衣

泳衣指游泳时穿着的服装，现代泳装无论从色彩、式样、质料几方面都超越以往，形成了多色彩、多式样、高质量的泳装新潮流。一般多采用遇水不松垂、不鼓胀的纺织品制成。

（七）针织衣

针织衣是指以线圈为基本单元，按一定的组织结构排列成型的面料制成的服装。针织衣大都是以棉和化纤棉纱为原料，其特点是柔软、有弹性、透气、吸汗、穿着舒适，如运动服和内衣等。

（八）裙类

背心裙：指上半身连有无领无袖背心结构的裙装，这种造型多具有校园服装的特点。

斜裙：指从腰部到下摆斜向展开成"A"字形的裙子。

鱼尾裙：指裙体呈鱼尾状的裙子。腰部、臀部及大腿中部呈合体造型，往下逐步放开，下摆呈鱼尾状。鱼尾裙多采用六片以上的结构形式，如六片鱼尾裙、八片鱼尾裙及十二片鱼尾裙等。

超短裙：又称迷你裙，这是一种长度在大腿中部及以上的短裙。它只是在长短上做出界定的一种裙形。其造型可为紧身型、喇叭型或打褶裙型等。

褶裙：指在裙腰处打褶的裙子。根据褶子的设计不同，可分为碎褶裙和有规则褶裙。褶子可多可少，可成对褶，也可顺褶等。

节裙：又称塔裙，指裙体以多层次的横向裁片抽褶相连，外型如塔状的裙子。根据塔的层面分布，可分为规则塔裙和不规则塔裙。

筒裙：又称统裙、直裙或直统裙。其造型特点是从合体的臀部开始，侧缝自然垂落，呈筒、管状。

旗袍：又称中式旗袍，通常左右侧缝开衩。由于它保留了旗袍修长合体的造型风格，一般裙长在膝盖以下，下摆微收，开衩长度以满足基本的腿部活动量为准。

西服裙：又称西装裙，它通常与西服上衣或衬衣配套穿着。在裁剪结构上，常采用收省打褶等方法使腰、臀部合体，长度在膝盖上下变动，为便于活动，多在前、后打褶或开衩。

连衣裙：上衣与下裙连成单体的一件式服装。连衣裙款式变化丰富、种类繁多，极受女性青睐。在连衣裙上进行廓型、腰节位置、内部结构及装饰的变化，可以设计出多种风格的款式。

（九）裤类

背带裤：裤腰上装有跨肩背带的裤子。西裤中的背带裤仅由两根跨带相连，而在工装裤及现代时装中多有前胸补块。

马裤：指骑马时穿着的裤子。马术运动员的整体装束已在国际上成为固定风格，由于骑马时功能的需要，其裤裆及大腿部位非常宽松，而在膝下及裤腿处逐步收紧，形成一种特殊的廓型。

灯笼裤：指裤管直筒宽大，裤脚口收紧，外型似灯笼状的一种裤子。从设计上可以看作是一种"仿物造型"及"仿物取名"。灯笼裤轻松舒适，多为休闲时穿着。

裙裤：像裤子一样具有下裆，裤下口放宽，外观形似裙子，是裤子与裙子的一种结合体。它既保留了裤子的优点，如便于骑车等，又具有裙子的飘逸浪漫和女性化特征。

连衣裤：指上衣与裤子连为一体的服装。由于它上下相连，对人体的密封性较强，多为特种工种的劳保服。也有将帽子与鞋袜连在一起的连体裤，其密封性更强。

喇叭裤：指裤腿呈喇叭形的西裤。在结构设计方面，是在西裤的基础上，立裆稍短，臀围放松量适当减小，使臀部及中裆（膝盖附近）部位合身合体，膝盖下根据需要放大裤口。按裤口放大的程度分为大喇叭裤和小喇叭裤及微型喇叭裤，裤长多覆盖至鞋面。

西裤：主要指与西装上衣配套穿着的裤子。由于西裤主要在办公室及社交场合穿着，所以在要求舒适自然的前提下，在造型上比较注意与形体的协调。西裤在生产工艺及造型上基本已国际化和规范化。

（十）内衣

基础内衣：文胸、内裤。

调整型内衣：胸衣、束裤、腰封、连体塑身衣。

家居服：分身睡衣、吊带睡衣、睡袍。

保暖内衣：保暖衣、保暖裤、保暖腰封。

运动内衣：运动文胸、瑜伽服。

生理内衣：生理裤。

孕产妇内衣：哺乳文胸、托腹裤。

三、依据成衣的用途分类

由于穿着场所不同、用途各异，按用途分的成衣品种类别较多，有日常装、职业装、运动装、便装、学生制服、社交服、户外服、休闲装、家居服、工作服等。

（一）休闲装

休闲类服装是为了满足消费者日常休闲场合需要而设计的，休闲类的便装在款式上更加轻松随意，突出设计风格的表达。休闲类服装还可以细分为两大类型：时尚休闲类与运动休闲类。

1. 时尚休闲类

时尚休闲服装是人们在闲暇生活中从事各种活动所穿的服装。该类服装适用性广，属于广义上的时装范畴。时尚休闲服装与流行变化连接紧密，同时与现代生活方式高度相关联，对生活质量的重视以及对闲暇生活方式的追求是休闲服成为主流的原因。典型的时尚休闲服装有T恤、牛仔裤、牛仔裙、衬衫、针织衫、连衣裙等类型。

2. 运动休闲类

运动休闲服装是一种更为专业的服装细分，随着社会的发展，人们也越来越重视运动与健身，运动休闲服装的流行与普及其实也是运动理念升级到了一定程度才出现的。运动休闲服装是一种专业运动服装与休闲装相结合的服装，如慢跑装、高尔夫球装等。运动休闲服装的特点是必须能够承受得起长时间的日晒和汗水的侵蚀，吸汗透气，持久耐磨，造型宽松舒适。

（二）职业装

职业装，简单的理解就是上班时统一的着装，英文名称为"uniform"，即"统一的形"，通常称为制服。与平日的便装不同，职业装的穿用是根据一定的目的，有特定的形态、着装要求，加上必要装饰，具备机能性特色，又有必要的材质、色彩、附属品等，既有区别又统一的服装形式。同时职业装还要满足职业活动的便利性，跟便装不同的是，职业装不仅需要考虑着装者的体型特征，还要充分研究、考察从业人员的各种动作并能适应职业活动，并且要考虑外观上的美观性。

从行业的角度进行分类，职业装可以分为办公室人员的服装、服务人员的服装和车间作业人员的服装。为此，可以从以下三个方面分类。

1. 职业时装

职业时装主要是指现今被称为"白领"和部分政府部门人员的着装，其设计偏向于时尚化和个性化，穿着讲究规范、美观、统一。职业时装一般在服装材质与制作工艺上比较考究，对色彩的选择与搭配也有较高要求，整体造型简约流畅、自然大方，贴近流行趋势，在款式细节中多有变化。在国内外成衣品牌中，职业时装在整个服装体系中有着重要的地位，成为职业人士必备的服饰类型。

2.职业制服

职业制服是狭义职业装的概念，即各行各业不同职位的工作人员在工作场合所穿用的服装，应用范围较广。职业制服更多的是对于其标志性与统一性的强调，体现着不同行业的特征和规范性，同时显示功能性。职业制服的材料取决于行业对于不同职位着装的要求，根据一定的预算进行服装面料采集与工艺制作，但材料的选择要兼顾到不同工作的实际，尽量选择舒适耐磨、外观平整且经济实用的材料。职业制服主要根据以下三种类型进行相关设计。

①商业性职业装，如商场、酒店、餐饮、旅游、航空、铁路、银行、邮政等系统。

②执法行政与安全，如军队、警察、法院、海关、税务、保安等。

③公用事业与非赢利性，如科研、教育、学校、医院、体育等。

3.工装

工装的使用人群一般为一线生产工人和户外作业人员等，其对工作着装的功能性要求非常高，服装的功能性、安全性和标志性是重点考虑的因素。特别是在面料性能方面，突出其防油污、防水、防火、防化学侵蚀等特殊功效。

（三）运动装

运动装是人们在参加体育活动时所穿着的服装，运动服应最大限度地满足具体运动项目的要求，如田径服、网球服、体操服、登山服、击剑金属衣、高尔夫球服、篮球服、足球服、冰球服等。

按照运动装的用途，可分为专业运动装和休闲运动装两大类型。

1.专业运动装

专业运动装更加强调服饰的功能性，比如透气性、舒适性、防水以及运动过程中对服装伸缩度的要求，以确保自由运动的需要。

2.休闲运动装

休闲风格的运动装更加强调潮流感与时尚感，在材料选择上相对宽泛，讲究色彩搭配与结构变化。在穿着上，也更加日常化，休闲运动装在休闲装市场上有较高的占有率，在衣橱里放置几套运动装已经非常普遍。运动装一般由专业的运动装设计师和企业来完成，比如李宁、安踏等。同时，一些非专业运动装品牌也会在自己的产品系列中加入运动系列，充实产品内容。

（四）礼服

礼服指在某些重大场合上参与者穿着的庄重且正式的服装。但随着社会生活的发展，礼服的形式和穿着方式有了新变化，成衣市场上，其款式多为半正式的小礼服类型，隆重的晚礼服类型较少，样式上更简洁、时尚且价位上更平民化、大众化。

礼服在款式、色彩、面料上都有它的独特性，礼服的设计注重体现个性美，集古典和现代于一身，色彩非常丰富。同时礼服用料一般以有光泽的丝绸、丝绒、上等的毛织物或者化纤混合纺织物为主。

在工艺制作过程中，做工考究，并以刺绣、钉珠、镶嵌、镂花等方法营造高档、华丽的效果。同时，服饰配件也是构成礼服整体效果必不可少的一个方面，如头饰、项链、胸针、耳饰、腕饰、裙带、戒指以及与礼服相配的鞋、靴、帽、包、手套等都会起到锦上添花的效果。

1. 日礼服

在传统观念中，礼服只是夜间社交场合穿用的服装形式，随着现代社交生活的日益丰富，人们在白天出席活动时也常穿用礼服，如开幕式、宴会、婚礼、游园、正式拜访等。外观端庄、郑重的套装均可作为日礼服，更为便利的短款小礼服也可作为日礼服，它不像晚礼服那样有特别的规定，面料多为毛、棉、麻、丝绸或有丝绸感的面料。

2. 晚礼服

晚礼服也称夜礼服或晚装，是在晚间礼节性活动中穿用的服装。晚礼服有两种形式，其一是传统的晚装，形式多为低胸、露肩、露背、收腰，以及贴身的长裙，适合在高级的、具有安全感的场合穿用；其二是现代晚礼服，随着社会生活的不断变化发展，晚礼服已成为人们社交和娱乐活动中不可缺少的服装。

现代晚礼服与传统晚礼服相比，更加舒适实用、经济美观，如西装套装式、短上衣长裙式、内外两件的组合式，甚至长裤也成为晚礼服中的一种。

3. 婚礼服

在结婚时新娘所穿的服装称为婚礼服。西式婚礼服源于欧洲的服饰习惯，在多数西方国家中，人们结婚要到教堂接受神父或牧师的祈祷与祝福，这样才能被公认为是合法的婚姻。因此，新娘要穿上白色的婚礼服表示真诚与纯洁，并配以帽子、头饰和披纱，来衬托婚礼服的华美。

西式婚礼服在造型、色彩、面料上都有一些约定俗成的规律，造型多为 X 型长裙，色彩通常为白色，象征着真诚与纯洁。我国传统的婚礼服是旗袍，色彩以红色为主，象征着喜庆、吉祥、幸福。

4. 小礼服

小礼服是在晚间或日间的正式聚会、仪式、典礼上穿着的礼仪用服装。裙长在膝盖上下 5 厘米，适宜年轻女性穿着。与小礼服搭配的服饰适宜选择简洁、流畅的款式，着重呼应小礼服所表现的风格。

5. 舞会服

舞会服是人们参加舞会时穿用的服装，一般根据舞会的内容、规模而有所不同。舞会服装注重一种动态效果和装饰性，充分体现穿着者的动态美。

（五）舞台装

舞台装是演艺人员在演出中穿用的服装，是塑造人物角色、表达演出风格的重要手段之一。舞台装往往是针对一个或多个特定的目标而设计的，源于日常着装，根据舞台服装设定的主题，又有不同程度的夸张表现形式。舞台服装设计的目标体现了人类文化演进的机制，是创造审美的重要手段。

舞台服装的设计不仅要考虑到人物的需求，同时还要兼顾社会、经济、技术、情感、审美的需要，需要协调各种需要之间的关系。现代舞台服装的设计理念在不断更新，但同样需要遵循舞台服装设计的规范，平衡各种需求关系。舞台服装注重与表演内容、舞台设计、灯光等一系列元素的协调，突出端庄高雅或轻松娱乐的效果，如春节联欢晚会的主持人服装具有喜庆、吉祥、欢乐的效果，高雅音乐会的主持人服装则应该体现高尚、严肃的效果。

舞台装一般分为人物角色服装和演员服装两大类。

1. 人物角色服装

人物角色服装通常指的是在影视剧或戏剧小品中，角色扮演者所穿用的服装，这一类的服装基于角色的要求而设计，不同角色，其着装类型也有较大区别，以更好地表达剧情为目的。人物角色服装包括影视人物服装及戏剧人物（如话剧、歌剧、舞剧、戏曲、戏剧小品、拉场戏、独角戏中的人物）服装。

2.演员服装

演员服装也称为演出服，一般在晚会中作为表演服装出现，根据不同的节目类型选择相应的具有舞台表现力的服装，比人物角色服装更加注重舞台气氛的烘托，包括音乐、舞蹈、杂技、魔术、曲艺等演员服装。

四、依据消费者需求分类

（一）男装

男装在造型、色彩、材料上的变化没有女装丰富，但男装在工艺上对精致度的追求普遍高于女装。针对不同年龄层次，男装在设计上有不同的要求。如成熟男装在设计上要求稳重、内敛但不失时尚，体现品位、精致；青少年男装在设计上则要体现出这个年龄阶段的活力、个性及年轻态，追求个性、新潮、时尚是这个年龄阶段的特点。

（二）女装

女装款式、图案、色彩多样，设计大多紧跟流行和时尚。现代服装的流行是以女装为中心展开的。而女性到了中老年，因为年龄、心态、阅历等方面的变化，审美也发生改变，其在颜色设计上偏爱素淡、不花哨，款式设计上较少考虑流行趋势，以经典款为主。

（三）中性服装

中性化服装（简称中性装）既以其简约的造型来满足女性在社会竞争中的自信，又以其简约的风格使男性享受着时尚的愉悦。如20世纪70年代开始流行的T恤和80年代流行的牛仔裤、喇叭裤等。中性化服装可以概括为两种：第一种是无任何差别，关系彻底模糊的服装；第二种是男女装互相借鉴。第一种服装无性别、无年龄、无季节差异，随心所欲、无拘无束；第二种就是互相借鉴，现代男装女性化、女装男性化，是拓宽着装空间的一种体现，缩小了女性与男性之间的生理及身体构造的差异，不再是男刚女柔的风格。

（四）童装

按照生长的阶段，童装可以分为婴儿装（0～1岁）、幼儿装（2～5岁）、大童装（6～14岁）。

0～1岁时，婴儿的生长发育最为旺盛，出生3个月内身高可增加近10厘米，到1周岁身高将增加至出生时的1.5倍，体重增加3倍。与此同时，婴儿的活动量逐渐增加，爬坐、站立直到能独立行走。婴儿服装的设计一般选用平面造型，款式力求简洁，以易于调节放松量的款式为佳。面料多采用天然无刺激的纯棉材料，以更好地保护婴儿。

2～5岁时，孩子体重和身高都在迅速增长，学走路、学说话，具有了一定的模仿能力，对一些简单、醒目的色彩和事物尤为关注。由于幼儿的活动频繁，服装的造型、款式要适度宽松，以方便活动。

6～14岁时，儿童的体型变化较大，已经逐渐趋于青少年，其服装在舒适宽松的基础上对时尚度和流行性要求也逐渐提高，穿着个体对着装也开始形成自己的偏好，特别是十几岁的童装款式类型和成人服装差异不大。

五、依据成衣的基本形态分类

依据服装的基本形态与造型结构进行分类，可归纳为平面式、体型式和混合式3种。

（一）平面式

平面式服装是以宽松、舒展的形式将衣料覆盖在人体上，起源于热带地区的一种服装样式，也被称为"宽衣形态"。这种服装不拘泥于人体的形态，较为自由随意，裁剪与缝制工艺以简单的平面效果为主，如睡衣、宽松式的礼服、连衣裙等。

（二）体型式

体型式服装是符合人体型态结构的服装，起源于寒带地区，也称为"窄衣形态"。该类服装一般为上衣和下装分开的两个部分，裁剪缝制较为严谨，注重服装与人体之间的贴合关系和服装的廓型，如西服、包身礼服裙装等多为此种类型。

（三）混合式

混合式结构的服装是寒带体型式和热带平面式综合、混合的形式，兼有两者的特点，剪裁采用简单的平面结构，但以人体为中心，基本的形态为长方形，如中国旗袍、日本和服等。

六、依据成衣材料分类

（一）毛织服装

毛织物一般以羊毛、特种动物毛为原料，或以羊毛与其他纤维混纺、交织的纺织品。纯毛织物手感柔软，光泽自然柔和，色调优美雅致，吸湿性好，保暖性强，品种风格多，是一种高档的服装用料。用毛织物制作的服装挺括，有良好的弹性，不易折皱。毛织物可分为长毛绒织物、精纺毛织物、粗纺毛织物三类。

1. 长毛绒

长毛绒是经纱起毛的立绒织物。在机上织成上下两片棉纱底布，中间用毛经连结，对剖开后，正面有几毫米高的绒毛，手感柔软，保暖性强。主要品种有海虎绒和兽皮绒。

2. 精纺毛织物

精纺毛织物是以细支羊毛为主要原料，采用高支毛纱线织制的织物，表面洁净，织纹清晰，手感好，有弹性，光泽柔和，适合做男女高档西服、职业套装、时装等。

3. 粗纺毛织物

粗纺毛织物使用较粗的毛纱线织制而成，一般比精纺毛织物厚重，织物手感丰满、质地柔软，表面一般都有或长或短的绒毛覆盖，给人以暖和的感觉，适用做外套和大衣。在女性服装中更能显出它色彩鲜艳、花型表现力强、富有装饰美的特点。

（二）裘皮服装

裘皮服装通常指的是用动物皮制作的服装。由于裘皮、皮革是天然的多层交错的网状纤维组织，结构紧密又能透气，因此制成的服装既有挡风御寒的作用，又能吸汗透湿，穿着舒服，具有良好的穿用性能。

1.皮草服装

皮草，也称裘皮，是用鞣软的带毛哺乳动物皮制成的服装，可以用来制成服装以及围巾、帽子等配件，服装外观华贵，不透风，保暖性能好，是理想的冬季御寒衣物。

裘皮的种类很多，按照其用途可以分为两类：一类是以御寒为目的的毛朝里的服装；另一类是以装饰为主要用途的毛朝外的裘皮服装。

2.皮革服装

皮革按其种类分，主要有牛皮、羊皮、猪皮、马皮等。羊皮分为山羊皮和绵羊皮；牛皮又分为黄牛皮和水牛皮。按其层次分有头层、二层和三层。

（三）针织服装

针织面料是采用各类单纱，通过各类大圆机制成的面料，如罗纹布、卫衣布等，这类布通过染色、印花、熨烫后裁剪制成服装，大部分是全棉与混纺纱，以休闲服装款式为主。由于其织造方式灵活、花色繁多，因此可以织造成很多廓型考究的毛衫、T恤。由于编织松散，所以在透气性、弹性、延展性上都有不错的表现，并且不易折皱，手感柔软，穿着舒适、轻松，支数越高面料越薄，质地越好，但易于脱散，稳定性欠佳。在针织服装设计中，应充分考虑到纱线的性能以及要表现的服装款式效果，选择恰当的针织材料去设计。

（四）羽绒服装

羽绒服作为冬季极具防寒性能的服装品类，成为寒冷地区人们的必备衣物类型，也通常为极地考察人员穿用。羽绒服以高密度的涂层织物作为面料，内充羽绒填料，能使衣内保持较多的静止空气，轻柔蓬松，保暖性能极佳。羽绒是迄今为止最好的用于人类保暖的天然材料，经过洗涤、干燥、分级等工艺处理以后，被人们制成羽绒服。与人造材料相比，羽绒的保暖能力是一般人造材料的三倍。

羽绒可以从颜色和来源两方面进行分类。根据来源，羽绒可分为鹅绒和鸭绒，相对来说，更好的羽绒一般来自更大、更成熟的禽类，因此鹅绒会稍好于鸭绒。根据颜色，可以分为白绒和灰绒，相对而言，白绒可用于浅色面料而不透色，比灰绒更受欢迎。

第四章
现代成衣设计基础

现代成衣设计是审美与功能结合的过程，也是个性与时尚结合的过程，亦是品位与文化结合的过程。从功能的角度看，现代成衣设计以实用性为目的，受市场和地域因素的影响，呈现出一定的风格趋势；从审美的角度看，现代成衣设计以美学原理为基础，表现为对形式美法则的遵循。本章就从现代成衣设计的影响因素和形式美法则两方面来论述现代成衣设计的基础应用理论。

第一节　现代成衣设计的影响因素

成衣设计引导着服装消费大众的审美趋势，而服装消费大众则通过服装消费市场的发展趋势反映出对成衣设计的喜好程度，从而影响成衣设计的风格和发展趋势。可见市场需求是影响现代成衣设计的主要因素，此外，地域因素也在不同程度上影响着现代成衣设计。

一、市场因素

随着经济发展，人们对物质、精神、文化方面的要求越来越高。服装的作用也不再只是满足保暖御寒、保护身体、蔽体等最基本的生理需要和安全需要，而开始偏向于更高的心理需求、尊重需要和自我实现需要。且服装是一个社会政治、经济、科技、文化等的综合体，体现着人的价值观、伦理观、审美观，民族风貌和时代精神，浓缩着人类的发展史和文明史。成衣设计的任务不仅仅要满足个人需求，还要兼顾社会的、经济的、技术的、情感的、审美的需要。随着文化的发展，成衣设计业更加呈现多元化的趋势，且个性要求越来越高。文化、时尚、个性、流行已经成为服装消费市场的主流趋势。

（一）消费者的性别与年龄

通过对服装消费市场的观察研究，按性别可以将服装消费群体分成男性和女性；按各个年龄阶段对服装的关注程度可以将服装消费群体分成16～30岁、30～45岁、45～60岁以及60岁以后几个阶段。由于16岁之前的群体没有直接的服装购买行为，所以暂且不作为研究对象。

从传统意义上对服装设计风格分类，可以将男装分为生活休闲类、职业正装类、商务休闲类、体育运动类。而新流行起来的波希米亚、披头士、嬉皮、哥特、朋克等风格也充斥着服装消费市场。男性的服装消费能力强，消费欲望一般，对服装品牌具有强烈的忠诚度，一般不会轻易更换服装风格。

女性服装消费群体一直都是服装消费市场的主力军。女性对于服装消费一般具有特别的冲动性，且富有强烈的感情色彩。对自己钟爱的品牌忠诚度特别高，且愿意尝试新的服装品牌。目前女装的设计风格已经趋于完善，按服装设计风格可以将女装分为瑞丽、淑女、朋克、嬉皮、百搭、学院、韩版、欧美、民族、田园、街头、波希米亚、简约、洛丽塔、OL（Office Lady，白领女郎）、通勤、中性、嘻哈等风格，且每个服装风格的消费群体都比较大，不少女性还穿插喜爱不同的服装风格。

对于服装消费群体的年龄阶段，首先，16～30岁的服装消费群体是服装消费市场的主力军。该群体有一定的经济基础和很强的购买欲，个性时尚，追求潮流，敢于尝试新的事物，容易接受新的服装品牌，也最容易冲动性地购买。该消费群体的服装趋于张扬个性，彰显时尚，用色方面比较大胆，多用比较明丽的色调，或大范围地运用撞色。款式可以随意、开放、独特，最大化地彰显出年轻人的青春风貌和四溢的活力。布料方面多选用吸汗能力强，防臭的面料。

30～45岁的服装消费群体的消费心理已经比较固定，有自己相对喜好的服装风格且轻易不会变更，也有相对固定的服装消费品牌，一般不会轻易尝试比较新颖的服饰风格。该群体是单件服装消费金额最高的群体，经济基础最为雄厚，有相对较强的购买欲。该群体的服装设计的要求就比较严谨，用色相对来说比较保守，不宜运用大范围的艳丽色彩，色彩搭配趋于和谐，服装款式趋于正规，款式不宜特别新颖独特，面料舒适度要求较高。

45～60岁的服装消费群体，购买欲望一般，喜好的服装风格相对固定。服装设计风格趋于保守，色彩搭配和谐度要高，款式多选用经典款的样式，一般不做太大变动，面料方面要求舒适度要高。

60岁以上的服装消费群体对服装消费的欲望基本消退，对服装的需求也逐渐回归最基本的生理和安全需要，较少会追求外在的审美特征。

（二）市场流行趋势

在当今社会，服装已经成为体现着装者社会性的一种无声语言，尤其是在现代年轻人眼里，时尚、有创意、能够张扬个性，可以更好地修饰自己的服装越来越受到青睐。在当今时尚界，波希米亚风格已经成为追求放荡不羁、自由浪漫的代名词，所以波希米亚风格就成了演绎小资情调的最好方式；朋克嬉皮则成为反叛精神、颓废思想的代表。这些方面的服装设计风格必然会影响当今的服装消费市场。

所以现代的服装设计师如果想设计出一款成功的服装必然要经历对服装市场长期不懈的探索与追求，最后形成一个迎合服装消费大众审美的服装。而现代的服装消费市场对服装的提示，要求服装既要突破传统的服装模式，又要继承传统模式的许多特点，使服装设计风格作为固有的文化特征。根据服装消费市场表现出的服装消费心理，服装设计必须对服装消费市场中正流行和即将流行的风格准确把握。服装设计师只有准确地把握最时尚的流行元素才能最大化地挖掘出消费者的时尚需求，才能最大化地激发消费者的购买欲，以及塑造品牌形象。由于消费者品牌意识的加强，服装设计必须充分挖掘品牌内涵，充分发挥自身优势，提高品牌知名度，形成极大的品牌感召力，以明确的服装设计风格和文化内涵来创造巨大的品牌影响力。

调查研究表明，中国服装消费市场正沿着：需求消费—时尚消费—个性化消费的道路发展。虽然在现阶段因受地区经济的差异、个人收入的差异以及城市间文化的差异等因素的影响，导致中国服装消费市场还存在整体不均衡的表现，但是服装设计的任务不仅是要满足个人需求，还要兼顾社会的、经济的、技术的、情感的、审美的需要。虽然这些需求本身就是一个矛盾体，但服装设计就要使这些矛盾协调统一起来。服装审美是一个极其复杂的过程，服装以神秘的、朦胧的、含而不露的、引而不发的艺术特质传达着视觉张力，激发观众的想象力和审美意识。服装审美受到服装消费者文化素养、经济状况、年龄、受教育程度、宗教信仰、习俗、价值观、感知能力等诸多因素的制约。

通过对服装消费市场的研究，现代成衣设计的发展趋势体现在以下几个方面：

第一，绿色服装。又称生态服装，环保服装。这就要求服装的舒适度要高，能给人舒适、松弛、回归自然、消除疲劳、心情愉悦的体验。目前市面上的"绿色纺织品"具有防臭、抗菌、消炎、抗紫外线、抗辐射、止痒、增湿等多种功能。生态服装以天然动植物材料为原料，如棉、麻、丝、毛之类，不仅从款式和花色设计上体现环保意识，还将环保意识贯彻到面料、纽扣、拉链等附件上。环保风和现代人返璞归真的内心需求相结合，使生态服装逐渐成为时装领域的新潮流。

第二，服装体现人文精神。服装不仅能作为人的价值观、兴趣爱好、生活态度、自我意识等多个方面的具象体现，还能反映个人社会地位、生活品质、艺术追求等多个方面的外在形象，存在于生活的各个层面。所以服装设计的发展道路必须要以提高生活品质为出发点，最大化地迎合最先进的服装审美发展趋势。

第三，新型服装面料在市场上的运用。当今，时尚界各种艺术风格交叉影响，各种新奇的艺术形式层出不穷，各行各业必须充分吸收其他艺术形式的优点，最大化地将其融进自己的设计理念。如在普通的牛仔布上应用拼接、须边、嵌花、反面正用、深层特殊磨洗等多种装饰处理的新型牛仔布料就非常受服装消费群体的青睐，赋予了西部味道很浓的牛仔服全新的变化和风格，为传统粗犷的牛仔服注入了甜美、优雅的感觉。而服装消费市场上流行的立体面料受到建筑和雕塑艺术的影响，常通过褶皱、折叠等多种方法，使织物表面呈现凹凸肌理效果，塑造出了面料的浮雕外观，具有一种外敛内畅的效果，无压迫感和整体感。新型服装材料可为原本平淡无奇的面料增添几分精致和优雅的艺术魅力，如在面料上加竹片、刺绣、金属线、丝带等，不仅增加了面料的装饰效果，还能表现随心所欲的浪漫和雅致。毛皮与金属、皮革与薄纱、镂空与花纹、闪光与亚光等各种材质组织在一起，能给人以震撼心灵的美感。所以服装设计要求不仅要在服装款式、颜色等方面进行创新，还要在服装材料上进行独特处理。所以现代服装设计一定要有充分的对比思维和反向思维，擅长打破视觉习惯，以寻求不完美的美感为主导思想。

二、地域因素

我国是一个多民族的国家，辽阔的地域、各异的自然环境、不同的生产方式和审美情趣，形成了丰富多彩的民族服饰。时至今日，长期的民族融合使不同民族间的服饰差异正在走向消失，但是现代服装的地域差异依然存在，这有其历史和自然的原因，现代成衣设计也必然要将这些因素纳入考量。

（一）不同地域的服装需求存在差异

女装品牌白领（White Collar），主营成熟女装，偏职业休闲，正装居多。该品牌成立于20世纪末的北京，初期曾经在北京创下月400万元的销售业绩，当品牌乘胜追击进驻上海市场后，一天却只有5万元左右的销售额。这种差异至今仍然存在，"白领"最大的销售市场还是在北方。如果不调整策略，"白领"很难在南方进一步开拓市场。

威丝曼女装以时尚、清新、青春的产品为主导战略，将消费群定位在22～35岁的年轻时尚女性，采用自营店为主、加盟店为辅的经营模式，在全国发展了几百家专卖店（厅、柜），销售网络遍布上百个城市。但在品牌发展的初期，威丝曼女装遭遇了和"白领"类似的境遇。2005年，珠海威丝曼服饰有限公司认为威丝曼女装在设计、品质方面已比较成熟，于是信心十足地制定了"2005年抢滩京城"计划，并希望以此带动华北市场。但四年的努力并没有获得较大的成效，到了2009年，威丝曼70%以上的市场仍然集中在长江以南，威丝曼品牌的影响力也仅局限在珠三角地区，未能扩大到华北和其他地区。

从白领和威丝曼的案例我们可以看出：同一个服装品牌在不同地区受市场认可的程度是不同的。也就是说，不同区域对服装的需求是存在差异的。

（二）导致服装地域差异的因素

1.气候因素

服装样式与地域气候特征密切相关。在炎热干旱的阿拉伯地区，人们喜欢身着白色宽松的长袍。生活在北极的因纽特人通常上身只穿一件厚厚的皮袄，不穿内衣。

服装的穿着时间与地域气候特征有关。在四季分明的地区，人们一般要准备不同季节的衣服，在相应的季节穿着相应的服装。相反，在云南昆明一带，形成了"四季服装同穿戴"的独特景观。

服装的色彩与地域气候特征也有关系。冬季的北方，天寒地冻，灰白两色笼罩天地，因此，对于选择服装的颜色，北方人就偏向于暖色调。除此之外，花花绿绿的图案也会让性格豪迈的北方人对冬季的生活充满热情和希望。西北部冬季多风沙，白色的衣物很容易弄脏，白色的服装在西北方市场则不受欢迎。而在东南沿海，因为干净清爽，所以素雅的颜色一年四季都会受到欢迎。

2. 物产因素

服饰材料与所处地域的物产特征有关。桑蚕生产养殖适宜在亚热带，江浙长三角、广东珠江三角洲都是我国重要的蚕丝产地；新疆地区是我国长绒棉最重要的产区；羊毛衫与皮衣的原料主要源于我国西部牧区盛产的羊毛和各种皮革。

人们往往喜欢就地取材制作的服装，而这种材料的原料也正是因为适合当地的气候，且受到当地人们的欢迎才得以大力生产。

3. 经济因素

社会经济的发展程度直接影响同时期人们的着装心理与着装方式，往往能够形成一个时代的着装特征。唐朝曾在政治与经济上一度达到鼎盛状态，那一时期女性的服饰材质考究，装饰繁多，造型开放，体现出雍容华贵的着装风格。经济的发展刺激了人们的消费欲望和购买能力，使服装的市场需求日益扩大，从而促使了服装设计推陈出新。经济的发展又使人们眼界提高，内心开放，对新鲜事物的接受程度也会相应提高。

在我国，东南沿海的经济明显略胜西部地区一筹，在服装上也明显有所体现。东南部经济发达地区的服装款式更新变化快，人们对流行服饰的接受和厌倦也比较快。

4. 体型因素

南北方人在身高上略有差异，即南方人相对较矮，北方人相对较高。南瘦北胖，南北方人在体型上也有差异，即南方人体型偏小，北方人体型较为魁梧高大。这种体型差异直接影响了服装的板型与尺寸。

5. 文化因素

在不同的文化背景下，人们形成了各自独特的社会心态，这种心态也对服装设计产生了影响。东西方不同的文化背景，在着装方面形成了鲜明的差异。总体来说，东方的服装较为保守、含蓄、严谨、雅致，西方的服装则较创新、奔放、大胆、随意。中华民族由 56 个民族组成的多民族国家，历史、文化、宗教的不同造就了不同的民族服装，很多民族特色服装还影响至今。

6. 性格因素

俗话说"南柔北刚"，这是南北方人在性格上的差异。杏花春雨江南，南曲如抽丝；古道西风冀北，北曲如抢枪。南细北爽，这是南北方人在个性上的差异。南方人说话比较婉转，北方人比较直率。

这种性格的差异也造成了服装上的差异。南方服装注重细节、品质，整体风格含蓄。北方服装则更加注重整体的气势，要求大气、随意。而像南京、武汉等兼具南北方性格的区域则更容易包容多种风格的服装。

第二节　现代成衣设计的形式美法则

服装设计师在进行设计的过程中，不仅要了解、熟悉各种形式要素的独特概念与基本属性，还要善于把握不同形式要素间的形式组合。除此之外，在掌握这些审美法则的同时，还需对各种法则进行系统、全面的探索与研究，总结出基本规律，在实践中掌握审美法则的基本要领。

一、统一与变化法则

（一）统一

统一是将性质或形态相近的设计要素组合在一起所形成的一致而协调的感觉。统一法则既存在于单个款式中，也存在于系列款式组合中。成衣设计中统一法则的表达形式有以下几种。

1. 分割线的统一

成衣的各个部分运用相同或相似分割线进行面的分割。如图 4-1 所示的款式，正面与背面有两处分割线，一处为前后肩线不规则分割设计，前后呈自由弧线，形成造型上的呼应；第二处为侧缝的三开身处理，解决了人体胸腰之间的差异。其中，肩部的前后分割属于分割线的统一设计。

图 4-1　分割线的统一

2.图案和肌理的统一

服装款式的各个部分运用相同或相似的图案元素。如图 4-2 所示的衬衫款式，运用了不同图形与肌理的方形结构，通过不同的摆放位置，在统一的形式中产生律动感。

图 4-2　图案和肌理的统一

3.装饰细节的统一

服装款式的各个部分或系列款式组合中的多个款式运用相同、相似或分割一致的装饰细节。

（二）变化

变化是指将有差异的元素放在一起形成的对比。变化具有相对性，需要通过对比才能表现出来。狭义的变化是建立在相同或相似元素的基础上进行的变化，广义上来说，不一样的设计元素存在于款式或系列中，都可称作为变化。在成衣设计中，款式或系列款式之间的变化按其构成元素大致分为以下几类。

1.廓型的变化

廓型的变化存在于成衣系列款式设计中，不同但相似的廓型变化使系列款式设计充满节奏感。如图4-3所示的款式在基本对称的长款上衣上进行下摆弧度的设计变化，产生不对称的视觉效果。

图4-3　廓型的变化

2.结构的变化

结构的变化在于单个款式在常规结构的基础上进行改变而带来审美上的变化。如图4-4所示的款式在传统针织套衫的基础上，增加不对称的前活片设计，产生结构上的变化。

图4-4　结构的变化

3.图案与肌理的变化

图案与肌理的变化是成衣设计在视觉上最容易注意到的变化，因为它经常与服装色彩联系在一起，有时也通过装饰工艺表达出来。单独款式上的图案可以通过相同或相似元素在不同部位上的不同构成方式来体现变化。

4.装饰细节的变化

装饰细节的变化表现在元素不变、构成形式改变，装饰元素在创意成衣的位置呈现出变化的特征。如图4-5所示的款式中，细荷叶边的不对称运用产生了疏密变化的效果，特别是领口上的一层荷叶边，起到了平衡整体的作用。

图4-5　装饰细节的变化

二、均衡与夸张法则

（一）均衡

均衡也称为平衡，是指设计元素在平面上呈均匀分布的状态，以达到视觉上的基本平衡。均衡的元素可以是相同的，也可以是不同的，它遵循的是杠杆力学原理，以视觉平衡的感受为衡量标准。在成衣设计中，均衡是通过款式中被视为点、线、面的元素的形状、大小、位置、方向的组合来达到的。均衡法则中最简单的构成原理就是三角形的稳定原理，即在分布的元素群中三个视觉上等量的中心即可构成一个稳定的面。均衡法则在保持稳定特点的基础上，更具灵活、生动的表现力。均衡在成衣中的形式有以下两种。

1.同种元素的均衡构图

大小、形状都相同的元素通过位置的平均或均匀分布形成均衡，给人的感觉稳定且平均。如图4-6所示为相同大小、相同形制的圆形图案的平均分布，这是成衣设计中常用的构图方法。

图 4-6 同种元素的均衡构图

2. 不同元素的均衡构图

完全不同的元素通过形状、大小与位置达到视觉上的面积与重量的平衡。如图 4-7 所示的材质组织采用了相同的颜色，通过织物的组织形式产生变化设计，右侧组织的变色设计与左边的变色设计形成了重量上的补偿。如图 4-8 所示是通过面料变化的穿插设计，打破西装的对称感，同时在量的处理上也保持了均衡的视觉感受。

图 4-7 不同元素的均衡构图（一）　　图 4-8 不同元素的均衡构图（二）

（二）夸张

夸张的手法是具有相对性的，即扩大或缩小事物的某种属性或特征，使其超越原本的事实或常规的认知。夸张手法的参照物就是事物本身的事实特征或约定成俗的认知。夸张是一种艺术化的手法，具有很强烈的表现力，成衣设计中的夸张手法包括以下三类。

1. 比例的夸张

成衣整体比例或各部件之间的比例较夸张，即一个部件相对于另一个部件的长度或宽度超出了常规的范围，因而成为服装款式中鲜明的特点，并与尺寸较小的元素形成对比。

如图4-9将西装款式的衣长加长至脚踝部位，变成连衣裙，将卫衣款式的衣长减短至胸围线之上，变成罩衫，形成夸张的效果。

图4-9 比例的夸张

2.形状的夸张

强化设计元素的形状特征，使特征更加瞩目。如图4-10所示实例为天才设计师亚历山大·麦昆（Alexander McQUEEN）所设计的高级订制时装，他将羊腿袖上半部的形状放大，使袖口、袖身形成鲜明的对比。

图4-10 袖部形状的夸张

3.数量的夸张

增加设计元素的数量，超出常用的范围。如图4-11所示，亚历山大·麦昆将成簇的花卉作为点元素密集地排列，形成服装的面和体，产生夸张与惊艳的视觉效果。

图 4-11　装饰花卉数量的夸张

三、调和与对比法则

（一）调和

调和是对所有有差异的事物或元素进行调整融合，使之产生一种秩序感，并且在视觉上使人感到愉快、和谐、舒畅。调和的过程是使设计要素之间保持一种质、量统一的过程。

服装设计中的调和一般采用色彩调和、面料材质的调和、款式形态的调和。色彩的调和指使用单色或色彩组合，使整体颜色弱化其他元素造成的冲突，达到视觉上的平衡，从而产生舒适的视觉效果。面料材质的调和指运用相近质感或颜色的面料进行搭配组合，弱化其他元素的对比，旨在产生视觉与触觉的差异感与认同感。款式形态的调和是调和款式内其他元素的矛盾性。在成衣设计中的调和还注重图案调和、装饰手法调和与分割线调和的运用。

1.图案调和

图案调和是指通过相同图案或相似图案在款式中不同部位的呼应，来调和不同部位因结构不同而造成的视觉差异或冲突。图案调和是最常用的调和手法。如图 4-12 所示的粗针织毛衣通过前片的编织与流苏进行有动感的装饰，编织图案中垂直与平行的线构成了鲜明的形式冲突，沙漏型的构图则柔化调和了冲突。

图 4-12　图案调和

2.装饰手法调和

装饰手法调和是指采用某种装饰手法来调和服装款式内部不同质感的面料或不同结构，与分割的局部产生调和的视觉效果。如图 4-13 所示的款式中有三种材质面料进行拼接，通过在不同面料与部位上添加相同形状的口袋带盖进行面料对比的调和。

图 4-13　装饰手法调和

3.分割线调和

分割线调和是指利用结构线与分割线调整其他元素所产生的视觉效果。如图

4-14 所示的款式，通过领圈以下的八字形的分割线打破了面料纹理所产生的 V 字型的倒梯形，腹部的倒八字分割线则用了相同的原理。分割线调和了由面料纹理产生的宽肩效果，形成更适合女性的款式。

图 4-14 分割线调和

（二）对比

对比是一种在创造对立冲突时产生的美，它主要源于矛盾性。生活中的对比无处不在，在艺术与设计中，色彩、明暗、形状、质感都是用来对比的要素，当它们的属性呈相反的趋势时就产生了对比。服装设计中的对比包括色彩的对比、面料材质的对比、廓型的对比、结构的对比、图案的对比、体量的对比、装饰细节的对比等。色彩对比是最强烈的视觉对比，通过明度、纯度、色相的对比产生视觉的冲击力。面料材质的对比是通过面料薄厚、面料肌理、面料手感的对比来体现服装的质感。成衣设计中的对比包括廓型的对比、体量的对比、图案的对比、装饰细节的对比。

1.廓型的对比

在单独款式中，X 型、Y 型、A 型在宽度与长度上可产生视觉对比；在系列款式组合中，不同的款式通过宽松与修身的廓型可产生系列的对比。如图 4-15 所示的抹胸裙，上身与下摆形成鲜明的廓型对比，上身紧身收腰呈 S 型，体现出女性的身体曲线，下身为膨胀的 A 型，两者的收放组合产生了强烈的对比效果。

图 4-15　廓型的对比

2. 体量的对比

通过分割线、结构线等对服装款式的面进行分割，划分面积的对比及面积所构成的体量对比，是服装整体视觉效果的关键性对比，它关系到服装与人体之间的比例关系。如图 4-16 所示的上衣通过前片不等量的分割，产生了左右面积与体量的对比，同时通过右边领口的褶来平衡左右关系。如图 4-17 所示的连衣裙上身部分的面与体量较小，下身裙摆的余量较大，因此产生体量的对比。

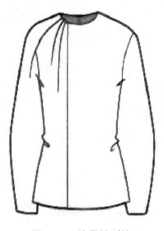

图 4-16　体量的对比

图 4-17　体量的对比

3. 图案的对比

图案通过点、线、面的形式构成形状、大小、疏密关系的对比。图案的对比通常和色彩对比结合起来，通过图案的平面构成形成强化色彩的对比效果。如图 4-18 所示的款式通过不同花卉图案的变形、大小的分布与排列位置的变化形成对比关系，打破了图案平铺式的单调风格。

图 4-18　图案的对比

四、节奏与韵律法则

节奏是有规律的重复、连续。节奏容易单调，但经过有律动的变化就产生了韵律。在成衣设计中，韵律经常伴随节奏同时出现，通过有规则的重复变化，增加作品的感染力。

（一）节奏

节奏指某一形态或色彩在空间中有规律地反复出现，引导人的视线有序地运动而产生的动感。节奏包括反复、交替、渐变等，最单纯的节奏是反复。在成衣设计中，节奏关系主要表现在造型要素点、线、面、体的形与色按一定的间隔、方向，张弛有度地排列，使视觉在连续反复的运动过程中感受一种宛如音乐的美妙节奏。节奏可体现为点的大小、强弱、聚散、分布面积变化，线的粗细、曲折、缓急变化，面的疏密、大小、布局变化，以及色彩元素的规律性变化等。

如图 4-19 所示，风衣底边的纵向切割形成的渐变流苏，打破了传统风衣的单调，产生了节奏感。

图 4-19　节奏在风衣中的应用

（二）韵律

韵律是有变化的节奏。使点、线、面及色彩通过节奏原理产生渐变变化，并将这些条件进行强与弱的反复变化便能产生韵律的美感。在成衣设计中运用的韵律概念，主要是指服装的各种线型、图案纹样、色彩、立体层次等有规律、有组织的节奏变化，如纽扣排列、波型折边、烫褶、刺绣花边等造型技巧的重复，都会表现出重复韵律，重复的单元元素越多，韵律感越强。如图 4-20 所示，上装外套是通过三角形图案的变化排列形成视觉交错韵律，连衣裙则是通过裙摆荷叶边的叠加形成重复韵律。

图 4-20　韵律在成衣中的应用

五、视错法则

视错作为一种普遍的视觉现象，对服装整体形象设计有着深远的影响。在服装设计方面，常见的视错形式包括分割视错、角度视错、色彩视错、对比视错及其他视错。

服装设计师在人物整体形象设计中应充分利用视错觉规律，"化错为美"，用服装塑造出更加完美的人体形象，给人美的视觉享受。对于一名设计师而言，正确且熟练地掌握各种视错形式，有利于提高自身的创作水平，从而设计出更为优秀的服装作品。

第五章
现代成衣设计的核心 —— 创意

创意是创造性思维的过程和结果，是原创、主动、自由、分歧、艺术和非模仿。创意与成衣设计之间存在必要的联系，没有创意的成衣只能称为成衣，而非成衣设计。可以说，创意是成衣设计的核心。鉴于此，本章拟对成衣设计中的创意展开系统性的论述。

第一节　成衣设计的创意思维

成衣设计是一个复杂的思维过程。换句话来讲，服装的艺术创造既需要想象力，又不能脱离包装人体、制作工艺这些现实条件的制约以及市场的检验。因此，作为服装设计师，首先应当具有正确的设计观 —— 是设计而不是抄袭或一味地模仿，这就需要具有较强的想象力和创造力，能够掌握发散思维与辐合思维结合的方法。同时要懂得服装的商品性、实用性，了解抽象思维的内涵进而掌握运用抽象思维的方法，如此才能创造出实用而新颖的服装产品。从成衣设计的过程来看，具体包含以下几种思维方式。

一、正向思维

所谓正向思维，就是人们在创造性思维活动中，沿袭某些常规去分析问题，按事物发展的进程进行思考、推测，是一种从已知到未知，通过已知来揭示事物本质的思维方法。这种方法一般只限于对一种事物的思考。这种习惯性的思维活动，在设计思维中常常表现为正向思维方式。用循规蹈矩的思维和传统的方式解决问题虽然简单，但容易使思路僵化、刻板，不能摆脱习惯的束缚，得到的往往是一些司空见惯的答案。

在服装创意过程中，从正向设计思维着手的构思往往是在确定的起点上，按照既定设想的服装样式或步骤逐步推进的过程。无论是服装的创意还是围绕这一创意的色彩、廓型、细节、相关面料、装饰等构想都符合人们的思维习惯和逻辑规范，显得合情合理。

二、逆向思维

逆向思维是对司空见惯的似乎已成定论的事物或观点反向思考的一种思维方式。这一方式敢于"反其道而思之"，让思维向对立面的方向延伸，从问题的相反面深入地进行探索，树立新思想，创立新形象。人们习惯于沿着事物发展的正方向去思考问题并寻求解决办法。其实对于某些问题，尤其是一些特殊问题，从结论往回推，倒过来思考，从求解回到已知条件，反过去想，或许会开辟出新的途径，甚至得到意想不到的答案。

逆向思维存在于多种领域和活动中，具有一定的普遍性。它的形式更是多样，有性质上对立两极的转换，如软和硬、高与低等；有结构、位置上的互换颠倒，如上和下、左与右等；有过程上的逆转，如从气态变化为液态，电转换为磁等。不论哪种形式，只要从一方面联想到与之对立的另一边，就是逆向思维。

成衣设计中常运用的逆向思维有以下几种：

反转型逆向思维：指从已知事物的相反方向进行思考，找到构思的途径。

转换型逆向思维：指在研究问题时，由于解决该问题的手段受阻，因而转换思考角度，或采用另一种手段，创造性地解决问题的思维方法。

缺点型逆向思维：是一种利用事物的缺点，将缺点变为可利用的优点，化被动为主动，化不利为有利的思维方式。这种方法并不以克服事物的缺点为目的，相反，它是化弊为利，创造性地解决问题。

三、侧向思维

侧向思维与正向思维是不一样的，遇到问题时，正向思维是从正面去想，但是侧向思维是要避开问题的锋芒，从侧面去想。侧向思维又称"旁通思维"，是发散思维的另一种形式，这种思维的思路、方向不同于正向思维或逆向思维，它是从正向思维的旁侧开拓出新思路的一种创造性思维。通俗地讲，侧向思维就是利用其他领域里的知识和资讯，从侧面迂回地解决问题的一种思维形式。

侧向思维的要义在于"他山之石，可以攻玉"，借助系统之外的信息、知识、经验来解决面临的难题。侧向思维是利用事物间的相互关联性，经由常人始料不及的思路达到预定的目标，这就要求思维的主体头脑灵活，善于另辟蹊径。

服装设计中的侧向思维，是指把针对设计命题的思考方向转向与设计不相关，甚至与设计无关的事物上，从全新的视角出发来考虑、分析命题，从而提出新的设计方案，巧妙完成设计命题的思维方式。

四、纵向思维

纵向思维是一种历史性的比较思维，强调将事物自身发展的过去阶段与现在的状况加以对比，找到事物在不同时期的特点及前后联系，从而把握事物及其发展本质并预测未来的一种思维方式。

纵向思维在服装设计中的运用最常见于对以往服装作品的继承、改良和发展。由于有了历史性的参照模式，纵向设计一般会遵循最明显的特色进行设计，以保证设计成果符合原有服装的风格特征。但纵向服装设计并不意味着完全地照搬历史上的服装样貌，在现有的许多设计作品中，采用纵向思维进行创新的产品与历史上的服装样式相比有了巨大差别，有的可能只是借鉴了原有服装样貌中非常细小的一个典型元素特征进行创新。还有的借鉴的不是设计上的特色和典型化细节，而是一种抽象的设计理念和思维，这种情况下的纵向设计产品则完全打破了既定的概念，拥有了非常大的创新空间。

五、横向思维

横向思维是英国学者 E. 德波诺在 1976 年针对旧的纵向思考习惯和模式而提出的概念，它是一种截取历史的某一横断面，研究同一事物在不同环境中的发展状况，在同周围事物的比较中找出某事物在不同环境中异同的思维活动。同纵向思维一样，横向思维也是比较性思维。

相比起纵向思维，服装设计中的横向思维有着更广阔的取材空间。同一时期，东西方不同文化的产物、不同风格理念的时尚潮流，以及源自影像、建筑、科技、家居等其他姊妹艺术和社会经济现象中的元素都可以激发服装设计师进行横向思维设计的灵感。横向思维能使设计师扩大注意力的范围，使得服装灵感与设计方面的信息搜索过程更富有创造性，通过分析、比较同时期元素的特点和共性，借鉴和吸收其精华，可以创造出新的服装样式。

六、发散思维

发散思维是指在思考的过程中，思维从一个主题开始，以不同的方式思考，以获得更多、更新、更独特的想法或解决方案。它的特点是思维的视野广阔，思维的分歧多维，要求人们跳出现有的知识和经验框架，不要遵循惯例，要寻求变异，不需要太考虑思考结果的质量。

发散思维主要解决思维目标指向的问题，即思维方向。它在创新思维活动中发挥着不可替代的作用，为思维活动指明了方向。发散思维是创造性思维最重要的特征，也是衡量创造力的主要指标之一。具有不同思维习惯的人在考虑问题时通常更灵活，并且可以从多个角度或层面观察问题并寻求解决问题的方法。

成衣设计中的发散思维是基于一件事物提出每一个可能的概念，并寻求各种解决方案，它是自由的、任意的，它也是一个连续的、渐进的过程。发散思维往往具有思维中心，它可以是创造的主题，也可以是其他东西。它从中心点向外辐射，思想辐射的点经常有很大的跳跃性。

七、收敛思维

收敛思维又称"聚合思维""求同思维""辐合思维"或"集中思维"，其特点是使思维始终保持在同一方向上，思考实现该目标的多种可能的途径，使思维简明化、条理化、规律化、逻辑化。收敛思维与发散思维如同"一枚钱币的两面"，是对立的统一，两者具有互补性。

在进行发散思维时，可能会有各种各样的信息和想法在设计师的脑海中汇集。有合理的和不合理的，也有正确的和荒谬的，所以这些信息和想法可能是混乱的，只有在每次识别和筛选后才能获得正确的结论。此时，有必要将发散思维与收敛思维相结合，从中挑选几个可行的想法，补充、修正、持续深度整合，逐步理清头绪。收敛思维也称为集中思维，它在发散思维的基础上，筛选、评判和确认发散思维提出的各种想法。它的核心是选择，因此选择也是一种创造。

八、跨界思维

德国平面设计大师霍尔格·马蒂亚斯（Holager Matthies）认为，创意就是把两个看似毫无关联的事物结合起来。设计被认为是有目的的创造性活动，而这些看似毫无关联的事物实际上就是跨界思维的载体。"跨界"是一种通过不同媒介和多种渠道来实现设计思维上的嫁接的方式，但这种嫁接不仅是思维的叠加，而是一种设计意识的全新再造，这种再造打破了行业之间的"界"，使得设计元素从事物的表面深化到立体化的多元素的融合。例如，汽车与服装、建筑与服装、平面与室内、平面与混合媒体等多个领域的交流与跨界，打破了各自的界别形态，形成了各种新奇的创意命题。跨界是当今设计界一种新锐的设计态度和设计方式，通过跨界思维，在继承所跨之界各自的优秀特性的基础上，创造出超乎寻常的创造性价值。跨界设计作为当前一种科学、理性的设计思想和创新理念，可以说是当代艺术与传统历史再生整合的结果，也可以说是设计师在转换角度之后对所创造对象的重新解读。

九、无理思维

无理思维，顾名思义就是不合理、无规则、有违常规的一种思维方式。设计师要故意打破思维的合理性从而进行一些不太合理的思考，然后从这些不合理中发现突破口，再整理出其中比较合理的部分，它具有散漫、无禁忌、跳跃、随心所欲的特点。

无理思维的产生大多是受到某些事物的启发、刺激从而萌生的设计灵感，设计师对引发设计灵感的事物或概念进行拆解、破坏，或随意混搭，或进行理性的设计，带有游戏或幽默感的态度，使设计作品呈现出迥异的风格特征。在这种思维方式下，作品往往与众不同，具有前卫、夸张的特点，令观者意想不到。

十、推理性思维

推理性设计思维，是一种能将创作层层深入的有效的思维途径。艺术创作追求的是一种前所未有的创新，除了艺术家、设计师自身的艺术修养和知识体系外，还需要一种天才般的不同于旁人的逻辑思维体系。拥有这样的设计思维特性，那么这些与常人不同的思维逻辑在创新方面便具备很大的优势。成衣设计中需要推行的是，具有一定艺术修养和设计感觉的艺术创作者也能源源不断设计出绝对创新的有设计品质的作品来，那么用推理性的逻辑思维方式去创作作品就相对能够更好地"逃离"常规的想象思维空间的束缚。

用达尔文的进化论来说明，地球上生物进化的步调是渐变式和跃变式交替进行的。从远古时期至今的生物进化正是通过遗传、变异和自然选择，从低级到高级，从简单到复杂，种类由少到多地进化着、发展着，直到今天形成了地球数不清的物种和丰富的自然生态圈。但物种的不断变异是经过了一段极为漫长的岁月慢慢形成的，世界上的许多原理都是相通的，那么就可以把创作的过程比拟成物种的进化，通过递进的方式层层进化深入。

第二节　创意成衣设计的灵感

成衣设计的灵感是指设计师在艺术构思探索过程中由于某种机缘的启发而突然出现的豁然开朗、精神亢奋，取得突破的一种心理现象。灵感的出现是思维过程必然性与偶然性的统一，是智力达到一个新层次的标志。服装设计最初的构思阶段，就是寻找灵感来源的过程。服装创意设计的灵感来源无处不在，比如花鸟虫鱼、高山流水、树木岩石，甚至是日常生活中的平常物品，都能带给设计师灵感的启示。只要有颗善于观察的热情的心，所有的事物都能给自己带来无限的创意遐思。

一、成衣设计的灵感来源途径

（一）仿生学的启发

人类从自然界中获取灵感进行服装设计的创意构思由来已久。例如，西方19 世纪的燕尾服，现代的蝙蝠衫等，无不是设计师在仿生学中获得启示进行创意设计而形成的产物。在科学飞速发展的今天，相继出现的这些时装新思潮、新流派，实际上是人类在重新认识客观世界的同时，被自然界诱引并利用它的必然发展趋势。

1.仿植物形态

设计师们常常将花草树木、叶脉造型，以及它们的色彩、纹理等运用到服装造型设计中，使得作品更加灵动美妙。

2.仿动物形态

大自然中飞禽走兽、蝴蝶及各种昆虫的形态结构带给了设计师无限的联想，动物天然形成的毛皮纹理也为服装设计师提供了丰富的设计素材。

3.仿景物、自然常态

大自然的景象瞬息万变，自然景物也是多姿多彩。例如，天空和海洋的蔚蓝、溪水清冽的透明、朦胧的晨雾、岩石的纹理、水的流线型或涡旋形、海螺的螺旋形，以及夕阳、沙砾等都可以成为设计师们进行服装设计的灵感来源。

需要说明的是，借鉴不等于照搬或复制，而应在大脑中有一个艺术加工与提炼的过程，同时应注意服装的功能性。因此，设计师在借鉴自然形态进行创意设计时，要注意对自然形态进行提炼、概括或重构。那种直接从表面上模仿动、植物形态的服饰，充其量只是对原始形态的演绎，还称不上服装创意。

（二）传统民族服饰文化

社会在不断发展的同时，也带动了文化的前进，源远流长的传统服饰文化是现代服装设计重要的灵感来源，为其提供启发和借鉴。艺术源于生活，传统服饰文化也是人们在长期的生活实践中积累起来的。加上不同支系、不同地域的民族的穿戴习俗不同，对于服饰情感的表达也不一样，由此，先祖们创造了大量具有较高艺术欣赏价值的民族传统服饰。

各民族不同的服装样式、色彩、图案纹样、装饰以及风土人情等具有丰富的含义，其服饰图案更是各民族的专属"密码"，蕴藏着深刻的寓意和故事。因此，服装设计师从传统民族服饰文化中提取设计元素时，首先应了解它们的文化内涵，这样才能设计出有一定分量和独具个性的服装作品。

民族服饰元素只是作为服装的一个创意点出现，并非将其原封不动地忠实再现，每位设计师除了巧妙地留下其民族精神真髓之外，还必须不断地更新和突破传统，突出超前意识，将其与时代相融合，才能创作出独树一帜的服装设计作品。

（三）相关艺术的启示

艺术的形式是多种多样的，各类艺术之间是具有相互联系性的。这些艺术作品所表现出来的情调和境界也是设计师获取灵感的来源。这种启示是以一种抽象的感觉激发出的灵感作为设计构思的核心，捕捉瞬间感受并运用抽象思维进行的创意构思。

1.绘画艺术

绘画作为一种艺术形式，无疑也是服装设计的灵感来源之一。设计师可以从古典绘画、现代主义绘画和后现代主义绘画中充分汲取创意的素材，从而增添服装的魅力和艺术内涵。中国的白描、写意，日本的浮世绘，甚至是岩画、壁画等，都可以与不同的表现手法结合，巧妙地运用到创意服装设计中。

2.音乐、舞蹈艺术

音乐和舞蹈艺术虽然不像绘画一样讲究造型，但是跳动的音符、优美的旋律、激情的摇滚、舒展的舞姿等都具有强烈的艺术感染力，都可以激发设计师的创作灵感，对服装设计的影响也相当明显。

3.建筑艺术

建筑学对服装式样的影响也很大，这主要是由于它随处可见、易于了解。同时，服装造型艺术和建筑艺术都有着相同的设计原理和艺术表现形式，都是表现三维空间美的艺术，都有着长久的视觉生命力。因此，黑格尔曾把服装称为"走动的建筑"，也一语道出了服装与建筑之间的微妙关系。如14世纪，受哥特式建筑风格的影响，欧洲出现的男士的尖头鞋和女士的尖顶帽均借鉴了哥特式尖顶建筑的特征。又如英国设计师亚历山大·麦昆曾直接把中国园林建筑中亭台楼榭的微缩模型作为头饰来彰显他前卫的创作风格。还有瓦伦蒂诺受中国建筑的飞檐造型的启发，设计了翘边大檐女帽。

4.民间艺术

民间艺术的内容包罗万象，各类民间手工艺品以天然材料为主，选取纸、布、竹、木、石、皮革、面、泥、陶瓷、草柳、棕藤、漆等不同材料制成。它们以传统的手工方式制作，带有浓郁的地方特色和民族风格，如剪纸、皮影、年画、泥塑、风筝、龙舟、舞狮等，与民俗活动密切结合。因此，它们也常常成为创意服装设计的灵感来源。

（四）流行资讯的启示

在设计灵感来源中，流行资讯是最直观、最快捷、最显而易见的，也是最容易被运用于服装设计中的信息参照点。它包括网络、杂志、报纸、书籍、幻灯片、录影带、光盘、展览会等流行资讯，同时，世界时装大师和各服装品牌公司每年或每季所举办的服装发布会，以及每年国内外各类服装流行预测机构所做的流行预测发布会等，更是设计师们的灵感源泉。此外，各类与服装相关的出版物与展示也可能成为设计师们的设计资源。

服装设计离不开流行资讯，而流行资讯又是最重要的媒介。因此，设计师在平常要养成收集和整理资料的习惯，以便拓宽自己的设计思路。当设计师看到这些比较直观的资料时，设计灵感便会如泉水般涌现，脑海中便会不断地闪现出新的想法，就会形成新的设计。

（五）未来科技的启示

科学技术的进步同样能激发服装设计师的设计灵感。新材料和新技术的出现无疑给设计师们带来了勃勃生机。西班牙设计师巴克瑞邦说："我要创造与其他艺术相提并论的新服饰，将新的材料应用于服装创作中。" ❶在1966年的秋冬服装发布会上，他推出了以金属片组合的铠甲时装。

科技元素的应用除了表现在高科技新型面料上，如金属纤维防辐射面料，还可将科技成果的局部融入服装设计中，如太空舱的造型线、宇航服等。

---

❶ 吴启华.服装设计 [M].上海：东华大学出版社，2013：84.

二、灵感的呈现程序

灵感在服装设计中的呈现包括收集、记录、整理、设计这几个步骤。

（一）收集

收集灵感指的是积累服装设计所需的素材。一般来说，虽然灵感是突然产生的，但是它是建立在日常积累的素材之上的，如果没有这些积累，这些灵感也不太可能会突然出现。因此，设计师在平常就应养成广泛收集素材的习惯。这既能让设计师集中思维，又能给设计师提供形成理念的设计线索。收集情报有多种方法和途径，如面辅料、摄影、色谱、建筑、化妆品、草图、包装纸、广告等。

（二）记录

灵感通常是突然出现的，及时记录灵感是每个设计师必须要做的事情。大脑容量是有限的，记住的事情逐渐增多，大脑的压力也越来越大。而且大脑的记忆有时候也会出错，甚至只是短暂停留。因此，设计师可以随身带着一个速写本或日记本，并把一些零散的信息、想法以及问题及时并快速地记录下来。这些看似零碎的信息或许有朝一日能激发设计，带来奇思妙想。

灵感的记录方式可以是多种多样的，可按照个人的工作习惯和环境条件来定。记录方式大致有文字、图形和符号。记录不必讲究形式，信笔涂鸦都可，只要自己能看懂就可以。

（三）整理

对设计灵感进行整理，可用多种形式进行呈现，既可用文字的形式进行表现，也可用草图的形式表现出来。无论哪种形式，只要方便自己理解就好。所谓设计草图，就是指快速、粗略地画出来的设计图稿，它能帮设计师对收集到的素材进行选择，把创作的激情引向最终的设计成果，这是整理思路和图像的第一步。草图最好能从多个角度来绘制，有些以总体造型为重，有些以局部细节为主，不仅可以为系列化设计铺平道路，而且多角度画草图有助于提高设计速度，同时，在整理的过程中有时会有新的灵感闪现，可以不断丰富所设计的内容。设计草图确定以后，要用恰当的服装效果图形式将其表现出来。

（四）设计构思

最终的效果图是将草图和人体动态结合的产物。因为最终设计出来的服装应该注重穿着效果，要考虑的因素就多了，包括服装的外型、色彩、面料的质感等，还要考虑一定的艺术效果，包括表现技法、构图、装裱，等等。同时，灵感表现的完成阶段还要根据纸面上的着装情况，对整体设计构思进行必要的修改。

设计师还需要考虑与服装相应的鞋、帽、包、袋、首饰等配件设计，甚至还应考虑到模特表演时的化妆、发型、道具等与服装的协调性，使设计更加完整。整体感强的服装设计具有更强的视觉效果，能让人产生完美的视觉享受。服装效果图这一步骤完成之后，设计师就可以检查出这一虚拟的空间状态是否合理，灵感的呈现程序也由此才算完成。

第三节 创意成衣设计的方法

创意设计的思维是在服装创作的构思阶段进行构建的，当设计进入具体形式的创作时，创意思维可表现出多样化的方式与语境，也就出现了各种创意设计的方法。而掌握创意设计的方法，是创意思维得以实现的保障。

一、加减法

加减法指增加或减掉现状中必要或不必要的部分，使其复杂化或单纯化（图 5-1）。运用加减法时，要根据设计目的和流行风尚具体来定，在追求奢华的设计中，加法用得较多；在追求简洁的设计中，减法用得较多。无论加与减，恰当与适度都是非常重要的。

图 5-1　极简礼服与添加羽毛装饰的礼服

二、夸张法

夸张是运用夸张的手法将服装的某一元素进行特别强调，或极度扩大、或极度缩小，从而形成视觉上的强化与弱化，增强视觉冲击力的创意设计手法。

（一）成衣造型的夸张

服装造型夸张法经常被用于服装的整体或局部造型。夸张不仅是把事物的状态放大，也包括缩小，从而形成视觉上的强化与弱化（图 5-2）。夸张需要一个尺度，这是根据设计的目的来决定的。在趋向极端的夸张设计过程中有无数个形态，选择并截取最适合的状态应用在设计中，是对设计师设计能力的考验。

图 5-2　造型夸张的服饰

（二）成衣服装面料的夸张

服装面料材质的夸张主要是对现有的材料进行观察与分析，大胆想象，从周边的事物中汲取灵感，换位思考，利用各种工艺手段（如剪、贴、扎、系、拼、补、褶、绣、叠、抽、钩等）来改变面料的质地（图5-3）。通过面料的质地、材料、肌理，直接影响服装的表现效果。在设计中，设计师们根据这一点常采取一定的技术手段及工艺手段对面料进行"配色"，如采用面料的透叠、镶拼、褶皱、透视等方式多方面对装饰细节进行夸张。夸张法特别适用于创意风格服装的设计。

图5-3　面料夸张的服饰

三、想象法

想象法是指设计师在脑中抛开某事物的实际情况，而构成深刻反映该事物本质的简单化、理想化形象的方法。想象是一种较感性的思维活动，是形象思维的重要手段，是在人脑中对已有的表象进行加工而创造新形象的过程。想象思维是想象的丰富性、主动性、生动性与独创性的综合反映，是创造思维能力的主要表现。哲学家黑格尔说过："想象是最杰出的艺术本领。"❶中华民族的象

---

❶　《美术大观》编辑部.中国美术教育学术论丛 艺术设计卷 11[M].沈阳：辽宁美术出版社，2016：274.

征——"龙"无疑是人们丰富想象力的结晶。（图5-4）。

成衣设计需要想象，想象来自自然界中一切美好的事物。例如，自然景观中火山爆发，对服装色彩的影响就是产生了爆炸系列的流行色；宇宙航天技术给服装设计带来的灵感，出现了太空宇宙服装，这些都是受想象思维的影响。

服装的创意更需要想象，没有想象就不会产生丰富的情感和激情，更不会创造出丰富多彩的服装，也无法塑造出人们理想的着装形象。因此，想象应是一个不受时空限制的、自由度极大的、赋予激情与情感的思维方式。想象可以是外界刺激或内心感受，可以集中在一个主题范围内，也可以自由地联想。丰富的情感是想象的灵魂，无穷的激情是想象的生命，正是丰富的想象使得中外服装大师创作出了无数的服装经典作品。

图5-4　龙元素服装设计（郭培）

四、以点带面法

以点带面是一种局部设计的方法。从服装的某一个局部入手，再对服装整体和其他局部展开设计。在日常生活中，善于发现美的设计师常会被某些精致的细节所吸引，从而得到设计的灵感，将其经过一定的改进，用于设计新的服装，而其他部位都会依据细节造型的特点和感觉进行相应设计。

以点带面法是指事先并没有一个整体的轮廓和设想，也没有具体设计条件和要求，而是从服装的某一点着手，带动服装的其他部位以至整体。也就是在绘画作品中从局部到整体的表现手法，此方法要求以一点带全面，统构全局。

五、移植法

移植法是指将一个领域中的原理、方法、结构、材料、用途等移植到另一个领域中去，从而产生新事物的方法。其主要有原理移植、方法移植、功能移植、结构移植等类型。因此它也称为移用设计。

移用设计应用了正向与逆向、多向与侧向思维形式，即"移植"是在模仿基础上建立的一种设计方法。在艺术创作领域中，各种艺术有其各自的特点。同时，各种艺术又都有共同点，彼此之间相互联系与影响。设计师可以将从其他艺术领域中得到的设计灵感诱发和启示移用到服装设计中，如从东西方绘画、雕塑、建筑、文学、音乐作品和相关领域中寻找灵感，并把姊妹艺术的某些因素转换移用到服装设计上，如图 5-5 所示的借鉴鱼尾造型的服装设计。

图 5-5　鱼尾造型服装

六、组合法

组合法是指从两种或两种以上事物或产品中抽取合适的要素重新组合，构成新的事物或新的产品的创造技法（图 5-6）。"组合法"设计是一种繁殖衍生的构成方法，将点、线、面等造型因素进行渐变。系列服装的设计多采用组合设计手法，是以一件服装为基本原型，运用同一设计要素、同一造型或同一设计风格，对服装款式、色彩与面料进行综合设计，采用重复变化组合出多组成衣，成为系列服装设计。系列设计组合时，在款式上风格要统一协调、色彩色调要呼应谐调；还可利用装饰手法，把装饰工艺与服饰配件统一整合成有机的整体，从而在人们视觉与心理上形成震撼力。

图 5-6　组合设计法作品

1.同形异构法

同形异构组合设计法即利用服装上可变的设计要素，使一种服装外型衍生出很多种设计的方法。色彩、面料、结构、配件、装饰、搭配等服装设计要素都可以进行异构变化。例如，可以在其内部进行不同的分割设计，这需要充分把握服装款式的结构。线条分割应合理、有序，使之与整体外型协调统一，或在不改变整体外型的前提下，对有关的局部进行改进设计。这种方法可以产生多种设计构思。

2.异形同构法

异形同构组合设计中，异形是指含有两个以上不同的造型形成相对立的因素，如形状上有大小、长短、方圆，状态上有曲直、凸凹、粗滑，色彩上有黑白、明暗、冷暖等。由于同种面料与设计风格常常给人单调乏味、缺乏创意之感，因而采用异质同构设计，利用这种设计语言求得丰富变化的最佳效果，形成一种颠倒错位、差异性大的对比变化，给人明朗、强烈、清晰的视觉美感。运用不同面料的肌理效果，将坚硬与柔软、粗糙与光滑等对比因素进行任意搭配，总体设计风格不变，面貌却焕然一新。这种对比强烈的变化，可以克服视觉上的麻木，服装样式的呆板，使服装具有强烈个性，取得意想不到的艺术效果。

七、逆反法

逆反法是指把原有事物放在相反或相对的位置上进行思考，寻求异化和突变结果的设计方法。在现代服装设计中，逆反法可以是题材、风格上的，也可以是观念、形态上的反对，如男装与女装的逆向（图5-7）、前面与后面的逆向、上装与下装的逆向、内衣与外衣的逆向等。使用逆反法不可生搬硬套，要协调好各设计要素，否则就会使设计显得生硬牵强，如将一条牛仔裤逆反为一件无袖上衣，要顾及衬衣的基本特征，做必要的修改。例如，伊夫·圣·罗兰减少了男女之间在服装上的差异，将简约优雅的女性裤装引入时尚的主流，当时的"吸烟装"惊世骇俗，充分反映了伊夫·圣·罗兰的反叛精神（图5-8）。

图 5-7　服饰逆反设计

图 5-8　吸烟装（伊夫·圣·罗兰）

八、趣味设计法

在服装设计中，将趣味元素运用到设计中，可使整个设计趣味横生、意趣盎然（图5-9）。服装设计的趣味形式包括：通过对形的夸张使其具有某种趣味感；对服装上某些具有一定功能的零部件运用某些有趣的形态；把趣味性的图案通过印染、刺绣等工艺运用在服装上等。例如，设计师将英文字母用3D效果突出，从而产生趣味感。

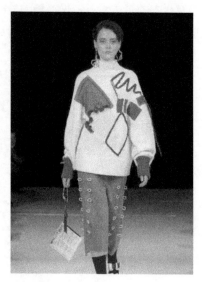

图 5-9　趣味服饰设计

九、主题构思法

主题是服装的设计思想，也是作品的核心。主题构思法是指在充分感受自然美的基础上进行构思，以一个具象或抽象的素材为主题，如森林、海滩、建筑、沙漠、人文艺术、民族风情等，根据这个主题景观或事物的表象感觉，用联想、类比、借鉴、展开等手法来构思服装的造型与色彩，并最终通过服装的款式构成特征、色彩搭配组合、面料肌理效果及装饰图案等因素来再现主题的整体感觉，传达主题构思，如图5-10所示的以青花瓷为主题的服饰设计。

图 5-10　青花瓷主题设计

十、系列设计法

服装系列设计是基于共同的主题、风格，在款式、色彩和材料等各个因素之间相互呼应、相辅相成的多套服装整体设计。当一个新的造型设计出来后，设计思维不该就此停止，而是应该顺着原来的设计思路继续下去，把相关的造型尽可能多地开发出来，这样就不至于因为设计思维过早停止而使后面的造型"夭折"。这种设计方法适合大量而快速的设计，设计思路一旦打开，人的思维就会变得非常活跃、敏锐，脑海中会在短时间内闪现出无数种设计方案，设计者快速地捕捉住这些设计方案，从而衍生出一系列的相关设计，设计的熟练程度会迅速提高，完成大量的设计任务便轻而易举。

系列化设计的特点是主题明确、风格统一，每一系列的设计作品或开发的产品既具有丰富的款式变化，又是同一理念下的延伸发展，因而整体感强，视觉效果突出，有助于提升竞争力（图 5-11）。

产品系列化设计是工业革命以来，产品设计标准化发展的高级形式。对于服装制造商而言，可以满足消费者多方面的需求，有助于更好地吸引消费者，以及提高其对市场的应变能力和竞争的综合实力。这也是品牌服装（尤其是国际奢侈品牌）每一季所推出的时装秀都会有鲜明的设计主题，以及数十套甚至多达上百套成系列的新品设计的原因所在。从系列设计中，可以筛选、提炼出热卖的单品设计，甚至打造为经典的基本款设计。

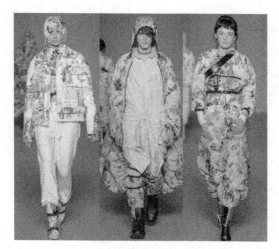

图 5-11　系列服饰设计（陈安琪）

第四节　创意成衣设计的流程

一、筹备设计项目

（一）确立创意设计主题

一般而言，品牌成衣的产品开发是按照风格化分类、具体品种系列化分类来实施的。也就是说，在一条产品线内，相同品种、相同风格可以因主题系列的不同而寻求款式差异，商品企划内不同主题下开发的产品只要与品牌的总体风格保持一致就可以。所以选择主题实际上就是在品牌风格下对产品风格的选择，是对品牌共性的个性寻求，是为设计开发提供依据。

（二）申报及确定设计项目

由各设计小组的负责人根据产品线路和主题要求，将各设计师负责的产品设计项目情况以及相关的任务明细（完成时间、进程、耗材等情况）向设计总监申报。

设计总监根据某一品牌企业下季的成衣商品企划书（模拟），将各设计小组的项目申报书进行审定，可以邀请同品牌企业的相关人员共同参与，并及时将结果告知设计人员，以便修改和实施。

二、实施设计项目

（一）收集整理设计主题素材

收集、整理与主题相关的素材是指深入挖掘与该要点相关的素材，从与之相关的素材中选取最富有情趣、最能激发创作热情的元素进行构思，使设计梗概逐渐细化，让灵感的切入点明朗化、题材形象化，让抽象的设计概念转化为具象的、可感知的形象，使服装的创意设计思路逐渐向具体的设计语言靠拢。

（二）制作情绪板

情绪板也称概念板、氛围板，是以一种比较生动的表达形式说明设计的总概念。它能帮助设计师对收集到的素材进行选择，将头脑中模糊的设计理念以清晰的视觉形式展现出来。制作情绪板就是将收集到的各种与主题相关的图片，对它们进行研究、筛选和分类，再把这些选好的素材图片拼贴在一起。情绪板也可以细分为主题情绪板、服装造型情绪板、服装色彩情绪板、服装材料情绪板等，其中服装造型情绪板、服装色彩情绪板、服装材料情绪板是在主题情绪板的引导下反映在服装设计上的具体倾向，是主题进一步形象化的过程，所以在操作过程中所有的情绪板都必须以主题情绪板为核心。

（三）绘制设计效果图

绘制设计效果图是一个将灵感具体化的过程，也是设计思维的深化过程。在这个过程中，设计师要根据所制作的各种情绪板，通过服装设计基本原理和方法，将抽象或具象的设计形态进行组合，将逐渐清晰化的设计灵感落实到具体的服装款式、色彩、面料及工艺的设计中，这是创意设计完成的初始形态，也是最重要的过渡过程。另外在定稿过程中，为了保证成衣和设计效果保持一致，设计师可以把设计的服装形象，从结构工艺的角度在头脑中"制作"一遍，或者动手制作某些细节或面料的实物小样，以此来验证设计的可行性和合理性，这样做才能使构思不至于偏离服装的本质。

（四）将效果图转化为成衣

从抽象到具象的样衣就是设计构思实物化的体现。所谓样衣即"成衣样品"，是设计构思能否转化为实物、转化为怎样的实物的实验性工作。成衣设计从本质上说是一种创意工作，含有较多的不确定因素。试制样衣就是要将这些不确定性因素通过直观的实物加以验证确定。确认后的样衣就是工业生产中的产品样本，所有的生产技术资料和工艺执行标准均以此为蓝本而展开。

样衣是各种成衣设计元素的聚合物，从造型款式、结构细节、色彩图案、面辅料风格、配件装饰到穿着方式，均以直观的实物形式体现出来。因此，对样衣效果的把握关键在于是否能充分地体现出设计构思，是否具备与品牌定位相吻合的产品品质，是否符合商品企划和工业生产的要求而达到利润最大化。什么样的产品要注重外表，什么样的产品要注重内在，什么样的要内外兼修，需要根据不同品牌、不同产品的市场定位而设置。

一些来样加工尤其是外贸初样，一般可以用一些相同品质的面辅料替代，包括印花、绣花也可以暂时省略，只是在大货生产前再封一次产前样，但这只适合于变化不大、调整不多的常规产品出样。对于新创元素较多的产品，特别是女性时尚类服装，这是不适用的。因为成衣构成元素中的每一项都可能对样衣效果产生决定性的影响，以替代物解决问题显然不明智。

服饰配件是成衣不可缺少的组成部分。样品在未审定前，非设计师不得随意删减设计中的服饰配件，即使有调整或代用也必须经设计师确认才能更改。因此，成衣样品的穿着方式应该根据设计的原创要求完整地呈现出来，非设计师均不得随意改变。

三、鉴定设计项目

项目鉴定就是产品确认，即围绕商品企划、生产要求、市场前景、回报利率等多方面，对样衣是否投产做出的最终审定。

（一）样衣鉴定的形式

对成衣样品的鉴定主要有内部鉴定和外部鉴定两种。

1.内部鉴定

内部鉴定主要由企业内部的企划、开发、生产、营销、财务等多个部门共同组成。内部机构对成衣样品的鉴定是确定大多数产品投产方向的论证会，一些利用面铺料更替营造新风格的常规品种将会被内部机构确认并适量投产，而后会根据订货会的情况做一些调整。内部机构的鉴定通常具备有效把握市场的能力，在引领本品牌定位市场的导向上占有主动权。

2.外部鉴定

外部鉴定主要体现为各季节的产品订货会或招商会。有人说最有效、最直接地鉴定产品是否具备商业前景的就是订货会，这种认识确有一定的道理。通过订货会，客户们会根据所在区域市场的需求情况选择货品的种类和数量，一定程度上是非常确定的。但是必须看到，客户订货基本上以选择利润空间大、消费面广的零散单品为主，很少考虑货品的整体性。一个品牌的订货会并不完全是什么好卖就卖什么，其根本的目的在于不仅卖产品更要"卖"品牌，绝不能因追求短期利益而影响品牌形象。所以，对于客户所选的品种，要根据本品牌商品企划的要求整合协调各类货品之间的组合关系和搭配比例。当然对于体现大多数客户利益的订货意向，在不影响品牌形象的前提下，商品企划案（商品规划）也有必要进行合理的调整。

（二）样衣调整

对样衣的调整大多集中在设计元素以及表现形式上。造型、结构、工艺面料、色彩、图案、装饰以及搭配方式都是提出修改意见的重点。在组织内审定时，不妨将这些条目列入表框，由鉴定者写出修改意见，以便日后归类总结。

不论是内部鉴定还是外部鉴定，对成衣样品出具修改意见都是必需的环节。各部门和客户会站在不同的角度对样品发表意见，有些意见能帮助设计师发现潜在问题，有些提出了解决问题的良方，有些则带有明显的主观倾向，有些则无足轻重，对此开发部门应将所有的修改意见归纳总结、理清思路、抓大放小，对大多数人的意见和少数合理化建议予以考虑。对那些客户意见多、生产资源不足、市场前景一般的品种不妨暂时放弃，对在确定的策划意图下所表现的产品形象提出的疑虑则可以不予理睬，因为这一类产品本身的作用在于维护品牌形象、提高品牌价值，并不在于本身能否获取多大的利润，何况其投产数量并不多。

（三）得出鉴定结论

　　鉴定结果就是对修改后的成衣样品是否投产得出的结论。产品的开发一般会根据修改意见制订修改方案，按照成衣上市时间的先后顺序逐一解决。最终由企业内部的组织机构成员进行审核并出具鉴定结果。也就是说，生产通过之后才能投入生产程序，未经确认的样品绝不可投产，以避免不必要的损失。

第六章
现代成衣设计的要素创意设计

　　现代成衣的创意设计是通过各要素的创意设计加以体现的，现代成衣设计的要素主要有成衣的廓型、结构、细节、面料、色彩、图案等。其一，成衣的廓型设计要以人体的基本形态为依据，要促进对人体型态美的塑造；其二，成衣结构设计的关键是结构线的划分，结构线的变化能产生千姿百态的成衣形态；其三，现代成衣设计要注重的关键细节有衣领、衣袖和口袋，在选择具体的衣领、衣袖与口袋样式的时候，要符合成衣的设计定位与形态；其四，成衣面料的创意设计首先来自对面料本身的设计，不同的面料具有不同的特性，可以通过面料重塑的方法改造面料的特性，还可以混搭不同的面料以形成新的创意；其五，不同的色彩具有不同的感知与心理效应，要掌握色彩的配色规律，色彩的构成法则是成衣色彩设计的关键；其六，图案的运用要适应成衣的功能性，要与成衣的款式和形态相配合。

　　现代成衣的系列化构成设计是建立在上述要素基础之上的，要灵活运用成衣设计的各项要素，使系列成衣每一款既具有自身的个性，又具有系列成衣的共性。

第一节　现代成衣的廓型、结构与细节设计

一、现代成衣的廓型设计

成衣造型的总体印象是由成衣廓型决定的，这是因为在一定距离之外，在成衣的细节、面料和结构被辨识出来以前，人们对一套成衣的视觉印象首先来自它的整体轮廓，也就是廓型。成衣廓型是指成衣的外部造型剪影，也称为外轮廓型、侧影、剪影，英语称"Silhouette"或"Line"。

影响成衣廓型设计的因素有很多，除了流行、时尚、审美之外，其中较为重要的还有腰围线和臀围线的上下移动；肩线、腰线的宽窄及立体感的强弱；分割线或省道的形状和方向；还有面料的悬垂性、弹性、硬挺性等特性工艺技术，以及工艺手法、色彩视错觉的运用等。另外，人的不同体型，不同运动状态时所需要的空隙度也会影响成衣廓型。

强调和美化成衣廓型是为了突出人体美好的部分和掩饰人体不足的部分。进行成衣廓型设计时，应从不同角度进行考虑，因为不同角度的廓型有着明显的差异。就造型而言，上下装的长、宽、体积、线形等决定了成衣廓型的外观对比效果，同时要考虑材料、色彩等的影响。除成衣要适用于不同场合的需求外，不同体型的高矮胖瘦、凹凸起伏也是成衣廓型设计的重要参数。

成衣廓型的设计方法有很多种，可以按照设计意图在确定原成衣的廓型基础上，进行部分或全部空间位移而得到意想不到的廓型；也可利用几何模块进行组合变化；还可以运用立体裁剪方法，在人台上或模特身上直接造型，边做边调整，以取得外轮廓的最佳效果。

成衣廓型设计的重点：一是，根据设计要求把握好时尚风格倾向；二是，考虑与廓型密切相关的因素——体积塑造。体积包含尺寸的松紧大小和材料的软硬厚薄、材料用量、成本及行动方便性等要素。

（一）成衣廓型设计的关键部位

人体关键部位是指颈、肩、胸、腰、臀、腹、膝、腕、肘、踝等部位。成衣

的关键部位则指成衣与人体关键部位相对应的颈围点、肩缝点、袖口点、侧缝点、衣摆点等反映成衣造型的特征部位，这些部位的长短、围度和摆线的宽窄、位置的高低形态变化衍生出许多风格各异的造型组合。成衣廓型的变化不是随心所欲，而是以人的基本形体为依据进行设计的，因为形体是成衣赖以支撑的最好衣架，成衣造型的变化、空间的塑造都离不开人的关键部位的支撑。成衣在进行具体设计的时候，关键部位可以自行确定，并根据实际情况适当地增加或删减。影响成衣外型的主要部位是肩部、腰部、臀部和下摆等。

1.肩部

成衣设计有许多肩部样式的处理，无论是溜肩还是平肩，垫肩还是耸肩，基本上都是依附肩部的形态略做变化而产生的新效果。肩部是成衣造型设计中限制相对较多的部位，其变化的幅度远不如腰部和下摆自如。

2.腰部

西方的成衣设计师把腰部设计归纳为 X 型（束腰）和 H 型（松腰），这两种腰的宽窄形式常交替变化，在20世纪就经历了"H→X→H"型的多次变化，而每一次的变化都具有鲜明的时代特征。●腰部是成衣造型中举足轻重的部位，变化极为丰富。腰部的形态变化大致有两种：腰线位置的高低和腰的宽窄。腰线位置的高低变化使成衣上下的比例关系出现差异，呈现出高腰式、中腰式、低腰式等不同的成衣形态与风格。高腰设计给人以身材修长的感觉，低腰设计则降低了视线，这两种设计多用于现代礼服、连衣裙的设计中。中腰收腰成衣端庄自然，多用于正装与职业装的设计。

3.下摆

下摆即上衣和裙子底边或裤装中的脚口。下摆对成衣廓型的影响体现在下摆的位置高低、下摆的形状变化上。下摆或高或低，或宽或窄，可反映出成衣造型的比例和审美意识，是时尚流行变化的一个重要标志，并决定着成衣风格的走向。另外，下摆的形状，如直线、曲线、折线形底边，形态变化丰富，使成衣外型线呈现出多种风格与形状。对称、非对称形底边等演绎着成衣不同的风格变化。

● 陈培青，徐逸.服装款式设计 [M].北京：北京理工大学出版社，2014：16.

4.臀部

臀部和裙子下摆的围度变化，可以通过在人体周围运用面料创造出一定的量感来获得，或通过集中在臀部、肩部、裙子下摆等部位的填充物、鲸骨箍内衬、骨架衣撑或垫肩改变围度，也可以通过制作非常合体的成衣（紧身胸衣）或运用莱卡弹性纤维收缩腰围和臀围（紧身裤）来进行强调。

5.围度

围度的大小对成衣外型的影响最大。不同的围度线使成衣产生不同的外型，形成风格各异的成衣。例如，西方成衣史上夸张臀部的巴斯尔样式（图6-1），呈现的便是一种炫耀性的装饰效果。婚礼服（图6-2）、现代舞台戏剧装等也常做夸张性的设计。

图6-1　巴斯尔样式成衣设计　　　　图6-2　婚礼服

（二）现代成衣廓型设计的类型

成衣设计常以字母来命名成衣廓型。成衣廓型是以人体为依托而形成的，因其对身体部位强调和掩盖的程度不同，所以形成了不同的廓型。每一种廓型都有各自的造型特点和性格倾向，不同的廓型具有不同的成衣风格与审美趣味，这就要求设计师在设计时根据设计需求灵活运用，既可以使用一种成衣廓型保持某种成衣风格，也可以将两种或多种成衣廓型结合使用以形成新的成衣廓型。廓型是成衣造型的基础，廓型的塑造，直接影响着成衣的整体视觉效果。因此，以廓型为突破点进行创新，是成衣创意设计的有效途径。

1. X 廓型

X 廓型，又称沙漏型，是最具女性体征的轮廓，能充分展示女性优美舒展的三围曲线轮廓，体现女性的柔和、优美、女人味与雅致的性格特点。其造型特点是肩部稍宽、腰部紧束贴合人体、臀形自然、裙摆宽大，能完美地展现女性的窈窕身材。

X 廓型在经典风格、淑女风格的成衣中运用得比较多，许多晚礼服的设计也都采用 X 廓型，以塑造轻柔、纤细的古典之美，并通过立体裁剪达到完美合体的效果。X 廓型广泛应用于女式成衣设计中，近代成衣设计大师常常运用其来创造新的时尚，它在成衣造型中占有重要地位，如图 6-3 所示的女式成衣，为典型的 X 廓型。

图 6-3　X 廓型成衣

2. T 廓型

T 廓型的特点是肩部夸张、下摆收紧，形成上宽下窄，呈 T 型或倒三角形造型的效果。T 廓型成衣一般肩部加垫肩或在肩部做造型及面料堆积处理。T 型形态上与男性体型相近，呈现力量感和权威感，具有大方、洒脱的性格特点，多用在男装、前卫风格的成衣以及表演装的设计中，但女式成衣中也有运用。T 廓型在女式成衣中的运用带来了男性气质，是女式成衣设计的一大突破。如图 6-4 的成衣设计，肩部造型宽阔平直，表现出一种 T 廓型的力量感，线条挺秀，给予成衣强烈的视觉冲击力，权威而又内涵丰富，传达出大女人的形象。

图6-4 T廓型成衣

3. O廓型

O廓型呈椭圆型或茧型，其造型特点是肩部自然贴合人体、肩部以下向外放松张开、下摆收紧，整个外型比较饱满、圆润。O廓型具有休闲、舒适、随意的性格特点，给人以亲切柔和的自然感觉。如图6-5的成衣应用O廓型，传达出放松、舒适的着装状态。O廓型在现代成衣设计中常作为成衣的一个组成部分，如领、袖或裙、上衣、裤等单品的设计。这种成衣造型夸张，适用于创意成衣的设计，在休闲成衣、运动成衣以及居家成衣的设计中用得比较多。

图6-5 O廓型成衣

4. H廓型

H廓型也称矩型、箱型、筒型或布袋型，其造型特点是不夸张肩部，腰部不收紧呈自由宽松形态，不夸张下摆，形成类似直筒的外型，因型似大写英文字母H而得名。H廓型成衣具有修长、宽松、自然流畅、随意的特点，适合传达中性化和简洁干练的形象，多用于职业休闲成衣、家居服以及男装的设计中。如图6-6所示的成衣设计，不收腰、不放摆，掩盖了人体腰身的曲线特点，整体呈现为顺直、流畅的造型，给人以修长、肯定、庄严向上、舒展的视觉感受。

图6-6　H廓型成衣

5. Y廓型

Y廓型与T廓型在造型上的相同之处为肩部的横向扩张，不同之处是廓型从胸、腰、臀至下摆部，呈H状，个性鲜明，修长、有张力、耐人寻味，常应用于时尚女式成衣、创意女式成衣设计中，如图6-7所示为Y廓型成衣。

图6-7　Y廓型成衣

6. A 廓型

A 廓型与 T 廓型在造型特征上正好相反，肩或胸部合体，由此向下至下摆逐渐展开，形如字母 A，给人以稳定、活泼、锐利、崇高之感。A 廓型也称正三角形外型，该廓型的成衣在肩、臂部贴合人体，胸部比较合体，胸部以下逐渐向外张开，形成上小下大的三角造型，具有活泼可爱、流动感强、青春活力等性格特点，被称为年轻的外型（图6-8）。

图 6-8　A 廓型成衣

7. S 廓型

S 廓型是一种极具女性特征的廓型，其造型特点是突出胸部、收腰、夸张臀部或裙摆收紧，充分展示女性的曲线美。S 廓型强调女性的身体三围曲线变化，肩部、胸部、腰部、臀部比较贴合人体曲线起伏。S 廓型最能体现女性特质，是优雅风格女式成衣最常用的成衣廓型（图6-9）。

图 6-9　S 廓型成衣

（三）成衣廓型设计的创意方法

1. 修饰人体的廓型

人体各个部位的构成都存在一定的比例关系，如身长与中腰位、身长与臀位、中膝位与中腰位、手臂长与身长、肩位与颈长、脚踝与胫骨等一系列的纵向比例关系，以及肩宽、胸围、腰围、臀围、四肢围等相互之间的横向比例关系等，都直接影响着成衣造型对人体美的表达。人体优美的曲线与比例可以通过成衣廓型来强调，同时，比例不协调、线条不优美的人体特点也可以通过廓型来掩盖和修饰。成衣的基本功能之一是修饰与掩盖，体现人体的自然美。成衣是人体外在美的表现形式，在通过人体表达美的造型的同时，更重要的是用造型来修饰与美化人体。

对于男性的标准体态，整体轮廓以上宽下窄的倒三角形为审美标准，局部以宽阔的肩膀、浑厚的胸廓、结实的臀部、健硕的四肢为美。在廓型设计中，常采用 T 型、H 型来表现男性的力量与阳刚之气；对于标准的女性体态，整体轮廓以正面匀称的漏斗型和侧面流畅的 S 型为审美标准，局部以柔美的肩线、丰满的胸型、圆润的臀型、修长顺直的四肢、颀长的脖颈为美。因此，以修饰人体自然美为目的的成衣廓型一般选择符合人体的 X 廓型、S 廓型和流畅的 A 廓型。

2. 脱离人体的廓型

成衣以人体为基准，但成衣廓型也可以不完全依照人体的自然形态来塑造。在设计过程中，通过填充物、结构设计等手段制作出成衣，脱离人体的造型，即在人体上再创造出一个型，表达对成衣与人体关系的另一种理解。这个脱离可以是在成衣包裹人体的基础上，夸大某一部位的造型，形成脱离人体的空间量，从而塑造出具有创造性的廓型。

3. 廓型的强调与夸张

成衣不仅可以表现人体的自然美，还经常用来强调与夸张人体局部，产生强烈的视觉对比效果。如强调收腰的廓型设计，可以在腰部进行极致的收腰处理，也可以在收腰的同时，利用对比关系，夸张肩、胸、臀、下摆的廓型，形成夸张的创意 X 廓型。

4. 用细节塑造廓型

廓型的创意设计，可以从整体轮廓来考虑，也可以通过局部细节的设计来塑造，以产生视觉上收放、张弛的效果。廓型创意的细节可以是成衣的任何部位，但前提是应该遵循均衡、协调、统一、韵律等体现成衣整体美的规律。

5.廓型的组合创意

在廓型的创意设计中，可以对某一种廓型进行直接应用或夸张应用，也可以将几种廓型组合应用，突破单一廓型的造型特点，产生新的外廓型，使成衣形态更加丰富多变，从而更好地满足设计师对设计理念的表达，适应多变的成衣潮流。

二、现代成衣结构线设计

成衣的结构线是指体现在成衣各个拼接部位，构成成衣整体型态的线。成衣结构线设计一定要根据不同面料的可塑性来选择合适的结构线处理方法，以使结构线与材料互相适应、切合人体。成衣结构线是依据人体曲面来确定的，具有塑形性和合体性。合理的结构首先是为了合身舒适、便于行动，然后才是强调其装饰和美化作用。成衣结构线的种类及特点如下。

（一）现代成衣的省道线

省道设计是为了塑造成衣合体性而采用的一种塑型手法。平面的布料要在凹凸起伏的人体立体曲面上塑型，就要顺应人体结构，把多余的布料剪裁掉或者收褶缝合，被剪掉或缝褶的部分就是省道，其两边的结构线就是省道线。省道根据所处的不同位置，可以分为上装省道线和下装省道线。●

1.上装的省道线

胸省设计是女式成衣设计的重要内容。省道转移在成衣结构设计中十分重要，省道收得合理与否是决定成衣板型好坏的关键因素。在成衣设计中，胸省可以单独使用，也可根据造型要求联合使用袖窿省、腋下省与腰省等。胸省是以胸高点即以女性乳房最高点为中心，向四周展开成许多放射线，每条线与裁片边缘线相接而形成不同位置的省道。胸省主要分为七种基本类型，即腰省、侧缝省（腰斜省）、腋下省、袖窿省、肩省、领省、前中缝省，分别以其省根所在的位置线命名。在实际设计中，胸省的具体型状有很多，但都是以上述基本省道进行

● 王琦.成衣结构设计 [M].宁夏：阳光出版社，2018：45.

相应的省道转移而得来的。背省按省根位置可分为肩背省、腰背省、腰臀省三种，背省也可根据造型要求联合使用。

2. 下装的省道线

下装省道主要为解决腰、臀差量，使得裙装或裤装在腰部合体美观，因此需要在腰部、臀部、腹部设置适量的省量。腰节线附近收的省就是典型的腰臀省，通常也叫作腰省。女式成衣的臀部曲线比较明显，收臀位省还有一个重要的功能是使得下装能够挂于腰部。现代成衣讲究简洁实用，许多裙装和裤装都不束腰带，对臀位省的结构设计要求就更高。在连衣裙的设计中，设计上装省道时还可以与下装省道联合使用。

（二）现代成衣的分割线

分割线是裁片缝合时所产生的分割线条，既具有造型特点，也具有功能特点，它对成衣造型与合体性起着主导作用。分割线又称剪辑线、刀背线，它的重要功能是从造型需要出发将面料分割成几部分裁片，然后再缝合成衣，以求成衣适体美观。单一分割线在成衣中所起的装饰作用是有限的，为了塑造较完美的造型以及迎合某些特殊造型的需要，两种分割线的结合是必要的。分割线数量的增加必须讲究比例美，要保持分割线整体的平衡感和韵律感。分割线所处部位、形态和数量的改变会引起成衣设计视觉效果的改变。分割线的类型主要从以下两个角度分析。

1. 根据分割线的用途分类

根据分割线的用途，其通常被分为两大类：结构分割线和装饰分割线。

（1）结构分割线

结构分割线以简单的分割线形式，最大限度地显示出人体轮廓的重要曲面形态，这是结构分割线的主要特征之一。结构分割线是指具有塑造人体体型以及加工方便的，具有工艺特征的分割线。利用结构分割线不仅可以设计出新颖的成衣款式造型，如突出胸部、收紧腰部、扩大臀部等，充分塑造人体曲线之美，而且结构分割线具有实用功能，在保持造型美感的前提下，可以最大限度地降低成衣加工的复杂程度。如公主线的设置，其分割线位于胸部曲率变化最大的部位，上与肩省相连，下与腰省相连，通过简单的分割线就可把人体复杂的胸、腰、臀部的形态描绘出来。

（2）装饰分割线

装饰分割线是指为了满足成衣造型的设计视觉需要而使用的分割线，附加在成衣上起装饰作用。结构装饰分割线的设计既要塑造美的形体，又要考虑工艺的可行性，对工艺有较高的要求。

2.根据分割线的形态分类

分割线的作用是从造型美出发把衣服分割成几个部分，然后缝制成衣，以求适体美观。分割线可分为四种主要基本形式：垂直线、水平线、斜线、曲线。分割线既能构成多种形态，又能起装饰和分割造型的作用；既能随着人体的线条进行塑造，也可改变人体的一般形态而塑造出新的、带有强烈个性的形态。

（1）斜线

斜线分割的关键在于对倾斜度的把握，斜度不同则外观效果不一。45°的斜线分割视觉并不显长或显宽，具有掩饰体型的作用，故对于胖型或瘦型人体都很适宜。斜线、分割线运用得当，能产生轻松、活泼、动感的效果。

（2）曲线

曲线分割与垂直、水平分割的原理相同，只是连接胸省、腰省、臀位省道时，以柔和优美的曲线取代短而间断的省道线，具有独特的装饰作用。利用视错效应，可将曲线分割运用得十分巧妙自然，可给人以潇洒、灵活、柔和、优雅、别致的感觉。

（3）垂直线

垂直分割线往往与省道结合，其具有强调高度的作用，使人产生错觉，给人以修长、挺拔之感。

（4）水平线

水平分割有加强幅面宽度的作用。成衣上的水平分割结构给人以横向、平衡、连绵的印象；横向的分割越多，就越富于律动感。设计女装时，常使用这类横向开刀线作为装饰线，并加以滚边、嵌条、缀花边、细皱褶等装饰工艺手法。

（三）现代成衣褶的处理

褶是成衣结构线的另一种形式，它将布料折叠缝制成多种形态的线条状，给人以自然、飘逸的印象。褶有一定的余量，便于活动，还可以弥补体型的不足，也可起装饰作用。褶在成衣设计中运用广泛。即使同样技法，打褶位置及方向、褶量不同，也会显示出不同效果。褶根据形成手法和方式的不同可分为两种：自然褶和人工褶。

1. 自然褶

设计中的自然褶会形成许多意想不到的美妙效果，因此设计师都热衷使用。自然褶是利用布料的悬垂性及经纬线的斜度自然形成的褶。自然褶具有自然下垂、起伏自然、生动活泼的特点，会随着人体的活动产生自然飘逸、优美流畅的韵律，具有洒脱浪漫的韵味。在女式成衣中自然褶的设计多运用在胸部、领部、腰部、袖口、下摆等处。

2. 人工褶

人工褶指经过人为的加工、折叠或将布料抽缩、缠绕、堆砌而得到的褶。

（1）褶裥

褶裥是把面料折叠成多个有规律、有方向的褶，然后经过熨烫定型处理而形成的。褶裥在人工褶中最具代表性，具有整齐端庄、大方高雅的感觉。褶裥设计在成衣中的运用一定要注意选用定型性好的面料，否则会影响设计效果。褶裥的折叠方向，可以是垂直排列的，也可以是倾斜排列或水平排列，具体设计时要灵活搭配使用，如宽褶与窄褶交错、活褶与死褶灵活运用，可以掩盖形体缺陷，还可以加强设计的韵律感，取得饶有情调的设计效果。褶裥根据缝合方式不同又可分为明线褶和暗线褶、活褶和死褶。明线褶装饰性强，柔中带刚，经常用在休闲女式成衣或男装中；暗线褶隐蔽性较好，外型美观。活褶易于活动，可与条纹、格纹、印花面料配合使用，人活动时，图形在视觉上会呈现出错落有致、层次丰富的效果。褶裥根据折量大小有宽窄之分，宽褶裥成衣显得非常大方；而窄小细密的褶裥则显得精致，如百褶裙。褶裥根据折叠的方法不同，有顺褶、箱式褶、工字褶、风箱褶之分。

（2）抽褶

抽褶在女式成衣与童装中运用极多且富于变化，其使用位置也较灵活，如领口、裙边、袖、前胸、覆肩、腰部等处均可使用。抽褶有不同的成形方式：其一，将长度不同的面料进行缩缝或在面料上打孔穿绳带，抽紧后形成细碎小皱褶。此类抽褶比较整齐有规律，处理手法介于人工和自然之间，给人以蓬松柔和、自由活泼的感觉，若选用柔软轻薄的面料缝制，皱褶则效果更好，它比褶裥灵活柔软、典雅细腻；其二，用缝纫机将布料抽缩缝合形成的皱褶，或者将橡皮筋、弹性带子等拉紧缝在布料上，再自然回弹将布料抽紧形成皱褶。抽褶的形式多样，如中间抽褶、单边抽褶或双边抽褶等，其形状有灯笼状、喇叭状等，可随心所欲、自由变换。

（3）堆砌褶

堆砌褶是一种面感和体感较强的人工褶，可以说是对成衣材料的再创造。堆砌褶又叫牵拉褶，是利用缠绕堆砌在成衣上形成强烈的褶纹效果。堆砌褶常用在晚礼服或婚纱的设计中，一般使用较为柔软华丽的面料，让人感觉典雅高贵、精致华美。设计师可以用面料直接在人台或模特身上进行单层旋转缠绕或交叉缠绕的立体设计，或双层堆砌，或平行堆砌，或螺旋式堆砌，或呈放射状堆砌，还可不断改变其间距以寻求变化，使得原本单调的面料富有层次、平添韵味。还有一种典型的堆砌褶的构成形式，就是在原本平面的成衣之上层层堆砌褶，从而构成设计元素，如在某一部位大量堆砌手工绢花、缝扎成褶的配件等。

三、现代成衣的细节设计

成衣的细节在成衣设计中是最为精彩的部分，是设计师审美情趣的表达。成衣的造型细节设计包括零部件的设计和装饰性细节设计。细节设计既受整体成衣的制约，又有自己的设计原则和设计特点，精致的部件具有较强的变化性和表现力，往往可以打破成衣本身的平淡，起到画龙点睛的作用，成为成衣的卖点与流行要素。

（一）现代成衣的衣领细节设计

衣领处于人们视觉范围内最敏感的部位，是上衣设计的重点。衣领是人体颈部的成衣部件，对颈部起保护作用，同时具有凸显颈部美感、修饰面部的装饰作用。在女式成衣设计中，领型是变化最多的部件。衣领的设计以人体颈部的结构为基准，通常要参照人体颈部的四个基准点，即颈前中点 FNP（颈窝点）、颈后中点 BNP、颈侧点 SNP、肩端点 SP。❶领子设计出来的样式既要适合于脸型，又要符合脖颈的状态。衣领的构成一般包括领线与领型两个部分，其构成因素主要是领线形状（横开领和直开领）、领座高度（领子立起来的高度）、翻折线的形态、领的轮廓线形状以及领尖修饰等。衣领的设计极富变化，式样繁多，每种领型都可以通过上述要素的变化而发生改变，使成衣具有全新的设计效果。衣领设计主要分为以下几种类型。

---

❶　陈培青，徐逸.服装款式设计 [M].北京：北京理工大学出版社，2014：28.

1.连身衣领设计

连身领，顾名思义是指与衣身连在一起的领子，相对比较简洁、含蓄。连身领主要为无领设计，是一种没有领身，只有领圈的领型。最简单的东西往往最讲究其结构性，无领设计在成衣领口与肩颈部的结合上要求很高。无领型设计一般用于夏装、内衣、晚礼服以及休闲T恤、毛衫等的领型设计上，成衣设计时应根据整体风格的需要选择合适得体的领线。无领的设计主要以其领口的开口大小、形状的改变和丰富的装饰工艺处理变化，产生不同风格以适应各种成衣的需要。

一般来说，曲线形领线显得优雅、华丽、可爱，直线形领线相对严谨、简练、大方；领口大显得随意自然，领口小则相对显得拘谨、正规。领圈有宽度、深度、形状及角度上的变化。领圈装饰有贴边、绣花、镂空、拼色、加褶等手法。领圈开衩一般是功能的需要。领圈比较大的领型，可以没有开衩设计，若领圈较小且面料没有弹性，则必须开衩，以便成衣穿脱自如。所以开衩也可以是无领创意设计的一个方面，如开衩的形态、制作工艺等。无领主要有一字领、V字领、圆领、方领等，结构比较简单，不同的领圈形状、装饰、工艺等，对成衣造型的视觉效果影响很大。

（1）一字领

一字领，前领线高，横开领大，外型像汉字的"一"，故得名。一字领领型给人以高雅含蓄之感，大露肩"一"字形领，则显得比较妩媚柔和。

（2）V字领

V字领的领型外观呈字母"V"形，分为开领式和封闭式两种。开领式多用在睡衣、西装、马甲及职业装的设计中，封闭式多用在毛衫、内衣的设计中。V字领可以使脖子显长，比较适合宽胖脸型。改变领子的大小宽窄，会有不同的风格倾向，如小V领给人以文雅秀气之感，大V领则显得活跃大气。

（3）圆领

圆领又叫圆角领，具有自然简洁、优雅大方的特点，而且穿脱方便，适用于套装、休闲装、内衣的设计。

（4）方领

方领也叫盆底领，其造型特点是领围线比较平直，整体外观基本呈方形。领口的大小、长短可随意调节，领口大则具有大方高贵之感，小则相对严谨。

（5）船型领

船型领因其形状像小船故得此名，在视觉上感觉横向宽大，雅致洒脱。船型领的领型变化范围也很大，多用于针织衫、休闲装等的设计中。

2.装饰衣领设计

（1）立领设计

立领是一种没有领面，只有领座的领型，其特点是严谨、典雅、含蓄，造型简练别致，如旗袍领、中式立领、护士服领、学生装领等。立领创意设计思路如下。其一，领下口线变化。立领的领下口线，即领片与衣身领窝缝合的下缘线。一般情况下，领窝弧线与领下口线是吻合的，领下口线的变化是由领窝弧线的变化所引导的，所以在造型上领下口线的状态更多的是由领窝弧线的状态所决定的。相对于围绕颈根围的基础领窝弧线来说，变化领窝弧线可以有加宽、加深、改变形态等几个方面。其二，领片造型变化。领片是立领的主体，变化空间也较大。首先，可以改变领片上口线的形状，如弧线型、直线型、折线型、不对称型、不规则型等；其次，可以改变领片的形态，如增加或降低高度、平面与立体、直立形态等。其三，开口变化。立领造型为了穿脱方便，常常会在前中或其他部位进行开口设计，开口的位置及造型也是立领创意设计的一个重要元素。开口位置可以设计在侧身、后身、前身等围绕颈部的任何位置；开口的扣合形式有多种，如不扣合、拉链扣合、纽扣扣合、系带扣合等。

立领一般分为直立式和倾斜式两种。倾斜式又分为内倾式和外倾式，内倾式是典型的东方风格立领，其与脖子之间的空间较小，显得含蓄内敛；而欧洲立领大都属于外倾式，领型夸张、豪华，装饰性极强。立领开口以前中开居多，但也有侧开和后开，通常侧开和后开从正面看更优雅、整体感更强。立领边缘形状高度不一，变化多样，还可与面料结合创新出一些新造型，如皱褶形、层叠形等。

（2）翻领设计

翻领是领面外翻的一种领型，可分为无领座和有领座两种，男士衬衣领属于加了领台的翻领，女士衬衣可根据个人喜好或成衣风格自由选择。下面重点分析翻领部分的创意设计思路：其一，领口变化，翻领的领口造型是由底领的上口线和翻领的上口线共同决定的。领口造型可以在横向、纵向、形状等方面进行创意变化设计。例如，横向开口比较大的一字型翻领、纵向开口比较深的 V 型翻领，还有开口为 U 型、圆型等翻领；其二，翻领领片变化，翻领的领片是翻领创意造型的主要设计点，可以变宽、变窄、变大、变形状、变数量以及对称与否等；

其三，开口变化，开口有前开、侧开、后开等位置的变化，还有系扣、拉链、系带等不同扣合方式的设计与选择。

前领角是翻领款式变化的重点，尤其是女装衬衫领、小翻领等，可以设计成尖形、方形、椭圆形等，可长可短，还可以加花边、镂空、刺绣等。翻领如大翻领或波浪形领等，则主要是由领子轮廓造型的变化产生的。翻领可以与帽子相连，形成连帽领，兼具两者之功能。翻领设计中要特别注意翻折线的形状，翻折线的位置找不准，翻过来的领子就会不平整。

（3）驳领设计

驳领是将领子与衣身缝合后共同翻折的领型，是前中门襟敞开的一种领型。衣身的翻折部分叫驳头。驳领的形状由领座、翻折线和驳头三部分决定。小驳领显得优雅秀气，大驳领则较为休闲。驳领要求翻领在身体正面部分与驳头部分非常平整地相接，翻折线平伏地贴于颈部，因而结构工艺要求比较复杂。

（4）翻驳领设计

翻驳领，指带有翻领和驳头的一类领型，也经常叫作西装领。翻驳领是一种开放型衣领，通风、透气，应用范围较广。翻驳领创意设计思路主要有以下几点：其一，翻驳领的翻领造型设计思路可以参考翻领的设计思路；其二，驳头可加宽、变窄、拉长以改变外型，可以与翻领片连接，也可以不连接，还可以增加驳头数量、改变串口线的位置等；其三，翻驳点设计也称为驳口点，其位置决定了翻驳领的领深。翻驳点设计的垂直位置最高可以高出颈侧点，最低可以低至成衣的下摆线，而水平位置可以在衣身的任意位置，因此翻折点的设计非常灵活。其四，串口线设计，串口线是翻领与驳头连接的一条共用的造型线，其位置、角度、长短等都是创意设计可以选择的要素。

（5）平贴领设计

平贴领，又叫坦领、趴领或摊领，是指一种平展贴肩仅有领面而没有领座或领座不高于 1 厘米的领型。平贴领一般要从后中线处裁成两片，装领时两片领片从后中连接叫单片平贴领，如海军水手领，在后中处断开叫双片平贴领。平贴领是一种为设计师提供广泛创意空间的领型，变化空间也很大，设计时可在领边加条状边饰，或在领前缀飘带或蝴蝶结，也可处理成双层或多层效果等。

（二）现代成衣的衣袖细节设计

以衣袖为突破点进行创意设计，同样必须了解与把握衣袖创意设计的思路与方法。衣袖是上装面积较大的构成要素，衣袖的创意变化对上装的整体造型具有较大的影响。

1.无袖设计

无袖设计因袖窿位置、形状、大小的不同而呈现出不同的风貌，使人看上去修长、苗条，常用于夏装、连衣裙和晚装的设计中。无袖的造型是由袖窿弧线来体现的，因此袖窿弧线的造型即为无袖的造型。无袖设计的创意方法有两种：其一，改变基础袖窿弧线的位置、形状，基础袖窿弧线是围绕着臂根围，从肩峰处露出整个手臂的造型；其二，结合衣领或衣身设计改变袖窿弧线形状，通过对衣领或衣身的设计，形成无袖的创意袖窿线。

2.装袖设计

装袖是根据人体肩部及手臂的结构特点，将衣身与袖片分别裁剪，然后装接缝合而成的一种袖型，该袖型最符合肩部造型的结构，合体美观，静态效果较好，适用范围很广。装袖的袖山与袖肥的关系：一般袖山高，则袖肥窄小，袖山低，则袖肥宽。根据适体性，装袖分为紧身袖、合体袖和宽松袖三种。合体袖多采用两片袖结构，一般在肘部收省，能很好地贴合手臂下垂的自然曲度。装袖设计的创意方法有：其一，袖口是袖身下口的边沿部位，可以从袖口的大小、位置、造型、工艺、装饰等几个方面进行创意设计；其二，袖身是袖子包裹手臂的主体部分，可以从袖身的廓型、分割、装饰等几个方面进行创意设计；其三，从衣袖造型上来说，袖山指袖片上部呈凸出状并与衣身袖窿处相缝合的部位。在袖山造型中，袖山弧线与袖窿弧线是一种对位关系，相互制约、相互补充，所以在袖山的创意设计思路中，可以改变袖窿弧线与袖山弧线的位置与形态，附加装饰、工艺处理等，从而塑造出不一样的袖山造型。装袖还可以分为圆装袖和平装袖，西装一般都是圆装袖形式。平装袖与圆装袖结构原理一样，但不同的是其多采用一片袖的裁剪方式，袖山高度不高，袖窿较深且平直，肩点常常下落，所以又叫作落肩袖。平装袖穿着宽松舒适，简洁大方，多用于外套、风衣、夹克、休闲衬衫等的设计中。

3.插肩袖设计

插肩袖的肩部与袖子是连为一体的，袖山由肩延伸到领窝，整个或部分肩部被袖子覆盖，有插肩袖、半插肩袖之分。插肩袖既有连袖的洒脱自然，又有装袖的合体舒适，其结构线流畅简洁而宽松，行动方便自如，这种袖型适用于大衣、风衣、运动成衣、连衣裙等成衣，通过袖窿线的不同变化还可以产生多种多样的款式。所以，插肩袖是一种富于变化的袖型。

4.连袖设计

连袖，又称中式袖、和服袖，其衣身和袖片连在一起，肩部的造型平整、圆顺。蝙蝠袖是其变化形式之一，袖子与衣身互借。连袖具有含蓄、高雅、舒适、宽松、方便的风格特点，多用于休闲成衣、家居成衣、中式成衣的设计中。连袖受人体运动的制约较小，因此设计空间较为自由与宽阔。

袖型的设计要根据成衣流行的款式而不断变化。当柔软宽松的成衣式样流行时，可用连袖或插肩袖；当严谨合体的成衣或紧身式样流行时，可使用装袖等多片袖式样，有时也可以使用连袖或插肩袖。一些强调衣肩形态的成衣，不仅需要借助于各种形式的衬垫填充，还可采用特殊的衣肩袖结构处理，如采用袖窿宽大的落肩袖型，夸张袖山体积的羊腿袖型，在袖山下处理省道、褶裥、皱褶的袖型。袖窿、袖山、袖口、袖形的长短肥瘦配合多变的装接缝方法，使得袖子款式丰富多样。袖型的变化会对成衣的造型、风格产生重要影响，不同袖型和成衣搭配会带来不同的视觉效果。

（三）现代成衣的口袋细节设计

口袋是成衣上的重要构成要素，可作为成衣创意设计的突破点。口袋兼有很强的装饰性和实用性，代表了某一个时期的流行趋势，如近几年成衣设计中多口袋的设计，强化了口袋的装饰作用。因此在进行口袋设计时，需要注意局部与整体之间在大小、比例、形状、位置及风格上的协调统一。一般来说正装、制服、工作服、运动服设计比较注重口袋的造型设计、功能和工艺细节的处理，都围绕着功能性展开设计。口袋的选配还需注意不同成衣的功能要求，以及成衣面料的性能特点。例如，礼服、睡衣、舞会装等不强调口袋的设计，丝绸类较轻薄的成衣以及紧身合体的成衣大多不需要口袋，以保持成衣的飘逸和舒适感等。口袋的创意设计可以考虑口袋自身的造型、口袋类别、口袋与衣身的结合关系等方面。

1.贴袋

贴袋是将布料裁剪成一定的形状后直接缉缝在成衣上的一种口袋。贴袋制作简便，样式变化极多。贴袋设计完全显露在成衣表面，是成衣整体风格的一部分，因此贴袋设计必须与成衣风格一致。

2.挖袋

挖袋是在衣身上按一定形状剪成袋口，袋口处以布料缉缝固定，内衬以袋里的口袋。挖袋分开线挖袋、嵌线挖袋和袋盖式挖袋三种。开线挖袋的袋口固定布料较宽，可以制成单开线或双开线，在日常服装中用得较普遍。嵌线挖袋的袋口固定布料较窄，仅形成一道嵌线状。在开线袋上加缝袋盖，即成为袋盖式挖袋。挖袋的袋口、袋盖可有多种变化，如直线形、弧线形等；在口袋排列上可以呈横、直、斜形变化。

3. 插袋

插袋是指在成衣拼接缝间留出的口袋。由于口袋附着于成衣部件，袋口与成衣接口浑然一体，使成衣具有整体、简洁、高雅精致的特征。插袋上也可加各式袋口、袋盖或扣襻来丰富造型。

第二节　现代成衣的面料创意设计

一、现代成衣面料的基本属性

常见的现代成衣面料主要有以下几种。

（一）机织物

平纹：平纹的特性是坚固、耐磨、硬挺、平整。其常用作内外衣料、里料，以及羽绒服和棉服的面料。典型的面料有府绸、细布、平布、凡立丁、派力司、法兰绒、电力纺、人造棉、尼龙绸等。

斜纹：斜纹的特性是厚重、密实、纹路清晰。其常用作外衣裤、风衣、大衣、裙装的面料。典型的面料有卡其、斜纹布、牛仔布、华达呢、美丽绸等。

缎纹：缎纹的特性是光滑、柔软，富有光泽、悬垂性好、不耐磨、牢度差，其常用作中西式礼服、睡衣、内衣、围巾、手包、鞋面等的面料。典型的面料有直贡缎、横贡缎、贡呢、绉缎、软缎、织锦缎等。

（二）针织物

罗纹：罗纹的特性是高弹，有凹凸感，柔软、舒适、回弹性好，不起皱，透气、保暖。其常用于内衣、运动装，内、外衣的领口、袖口、底摆等部位。

花色组织：花色组织的特性是弹性好，立体且富有变化，有提花、绞花、扭花、集圈、毛圈等，呈现凸起、扭曲或悬浮等多种效果。其常用于毛衫、线衫、围巾等。

（三）其他面料

裘皮：裘皮的特性是保暖、抗寒、耐用、柔软、华丽。其常用于大衣、马甲、成衣局部的拼接。

皮革：皮革的特性是不易变形、舒适、透气性好，防寒、保暖。其常用于夹克、马甲、裙、裤等秋、冬季成衣。典型的面料有羊皮、牛皮、猪皮、马皮等。

无纺布：无纺布的特性是透气，价格便宜，多用作一次性用品的材料。其常用作手术衣、绷带、口罩、黏合衬、垫肩的材料。典型的面料有非织造布、黏合衬。

二、现代成衣面料形态的重塑

（一）成衣面料形态的重塑方向

1.形态的模拟

以模拟自然形态，如珊瑚贝壳、植物花卉等有着天然的色泽、质感和造型的元素作为设计灵感的来源，运用具象或抽象的手法来表现，根据自然形态的特征加以重塑。具象构成手法就是用面料完全模拟自然的质地、形态和色彩并对其进行加工；抽象构成手法，就是指对从具象形态中提炼出的相对典型的形态加以设计，从中把握面料的体积、量感，对各种形态造型进行"简化"，采用抽象的符号图形表现面料的立体型态。只要掌握基本点、线、面元素构成的原理，就可以熟练运用此方法。

2.形态的层次

元素的空间感，就是以元素的多层次组合形成面，面的多层次组合形成空间，从而产生虚实对比、起伏呼应、错落有致的空间层次。将面料以同一元素为单位，以不同的规律加以重构产生变形，如把相同或不同的元素加以组合，产生丰富的立体型态。

3.形态的多元

将相同元素以不同面积、不同疏密结合的面料，形成质地或粗糙，或光滑，或凹凹有致的变化，产生不同的视觉效果，形成丰富的肌理对比；将不同特征的元素，以不同的形态和规律整体组合，运用错视的方法或创作新的单元组合，使面料形态产生不同的纹样肌理及视觉效果的变化。

（二）现代成衣面料的重塑方法

1.加法设计

（1）刺绣

刺绣是一种传统手工技艺，世界上许多国家和民族都有自己独具特色的绣花技法和手艺。刺绣就是用针将丝线或其他纤维、纱线按设计的花样在绣料（底布）上穿刺，以绣迹构成一定的彩色图案和装饰纹样。刺绣有很多种绣法，如网眼布绣、抽纱绣、镂空绣、贴布绣（贴补绣）、绳带绣、绉绣等。刺绣需要耗费较长时间，操作起来比较复杂，先要在成衣裁片上画好图案，绣好后再缝制，才能完成制作。刺绣的方法最能够体现成衣装饰工艺的细腻与人性化。

（2）珠绣

珠绣是当前非常流行的一种装饰手法，操作非常简单且容易产生华贵、富丽等效果，可以在成衣完成后再进行加工，方法是将各种珠子、亮片用线穿起来后钉在成衣上。

（3）结绳

结绳是运用各种不同原料、粗细的绳子，通过各种扎、结的方式，形成各种扣和结，来达到设计的要求。结绳是中国传统的成衣装饰手法，而且先人们以寓意吉祥的名字来命名这些结，如意结、盘长结是当下最常被用于成衣与饰物上的结。另外，还值得一提的是中式成衣的盘扣，它有很多形式，最常见的是朴素的一字扣、华丽的花形扣和蝶形扣，可以通过在绳中加入软钢丝的办法，使扣形饱满、美观。

（4）缀珠

缀珠是将各类珠子、扣子、贝壳等物穿成链条悬挂于成衣所需部位，或者钉在衣物上。这一手法也是在成衣完成以后再进行加工、装饰。

（5）堆叠

蕾丝、布料、绢花等各种材料虽看似是不经意地堆积、叠加，但它们会使成衣的某个局部产生层层叠叠和疏密有致的视觉效果，加重视觉上的量感。采用这类装饰手法的成衣多为艺术表演类成衣，或者是追求前卫的年轻人喜爱的成衣。

（6）垂坠

这一手法是在下摆、袖口等边缘部位垂坠装饰物，材料有裘皮、人造毛、羽毛、绒球、线绳、蕾丝花边等。有垂坠装饰的成衣，增强了成衣与人的动感，显得年轻活泼。

（7）绗缝

缝制有夹层的纺织物时，为了使外层纺织物与内芯之间贴紧固定，传统做法通常是用手针或机器按并排直线或装饰图案效果将几层材料缝合起来，这种增加美感与实用性的工序，称为绗缝。绗缝具有保温和装饰的双重功能，是秋冬季成衣中常用的装饰手法。

（8）抽缩

抽缩工艺是一种传统的手工装饰手法，又称为面料浮雕造型。其做法是按一定的规律把平整的面料的整体或局部进行手针钉缝，再把线抽缩起来，整理后面料表面就形成了一种有规律的立体褶皱。

2.减法设计

（1）手撕

用手将成衣面料撕出随意的肌理效果，形成一种粗犷、豪放的视觉效果。

（2）磨损

利用水洗、砂洗、砂纸磨毛等手段，让面料产生磨旧的艺术风格，以更加符合设计的主题或意境。牛仔类衣裤就利用了这种加工手法，从而使牛仔装散发出永恒的、迷人的魅力。

（3）腐蚀

利用化学药剂的腐蚀性能将面料的部分腐蚀破坏，形成所需图案。利用不同材质的化纤面料燃烧后的熔缩效果来构思，也可以尝试不同的高温破坏方法，如线香、蜡烛、熨斗等破坏手法可以使材料表面形成不同的破口。

三、现代成衣面料的混搭设计

一般来说，混搭有几种方式，可根据撞色、面料、线条以及风格这四种类型来进行混搭。

（一）撞色混搭

由于撞色给人的感觉已是非常抢眼，因此撞色混搭时要注意把握一个基本原则，就是在统一风格的基础上进行撞色，这意味着所挑选的成衣单品在风格上要保持一致，否则会给人眼花缭乱的感觉。将最不可能的颜色混搭在一起有时候反而会产生和谐的视觉效果，原则是采用对比强烈、纯度相当的色彩，要切忌用太多的颜色。

（二）面料混搭

将最柔软的面料和最硬挺的面料搭配，反而可以突出面料本身的材质特色。但面料混搭要注意了解每一种面料的季节特征，比如混羊毛的厚呢质料若与雪纺搭配在一起，虽然秉承了爽滑面料的搭配精神，但是会造成季节错乱的感觉。

（三）线条混搭

将曲线条与直线条的成衣单品搭配在一起，能够起到丰富视觉的效果，比如圆形的荷叶边和公主领与直线条的直筒裙搭配，西装式的上衣与层层叠叠的民族风长裙的搭配均颇有趣味性。这种曲直对比的方式是真正实用的混搭方式，适合各种脸型和身材的人们穿着。

（四）风格混搭

将各种风格混搭是最无章法可循的混搭方式，你大可以发挥任何创意，将衣柜中任何风格的单品翻出来进行重新排列组合。但这需要搭配者有很敏锐的时尚感触，准确把握各种单品的特征，并综合考虑色彩、面料、款型等各要素。

混搭并不等于乱搭，混搭时应当让每一件单品以及配饰有内在的对比联系，比如曲线条的褶皱裙与直线条的中性小西装的混搭，造成一种曲与直的对比，而白色与黑色、红色与绿色的撞色混搭，更能体现出一种色彩的冲击力。

第三节 现代成衣的色彩与图案创意设计

一、现代成衣的色彩创意设计

一个有关形体和色彩的实验：当人们观察一个物体时，在最先的几秒钟里人们对色彩的关注度要多些，而对形体的关注度要少些，过几秒后，形体和色彩的关注度才各占一半。俗话说"远看色，近看花"，就是说当人们在远处看到一件成衣时，最先映入眼帘的是成衣的色彩，走近了才能看清成衣的花形。不同的色彩能使人产生不同的感受，如红色给人一种兴奋的感觉，蓝色则给人一种宁静的感觉。色彩的这些特性，使它在成衣卖场的陈列中具有重要的作用。因此，现代成衣的色彩创意设计具有重要意义，这里主要从以下几个方面对其进行分析。

（一）现代成衣色彩的情感感知

1.现代成衣色彩的情感作用

就颜色的使用习惯而言，有些颜色具有热烈、欢快的特性，有些颜色则是消极、冷漠的。不同的颜色会让人产生不同的感觉，暖色系会让人觉得热情、明亮、活泼，冷色系会让人感觉安详、宁静、稳重、消极。

（1）明度的感情作用

明度高的色彩即亮色，会显得活泼、轻快，具有明朗的特性。明度低的色彩即暗色，则令人产生沉静、稳重的感觉，在配色时要根据成衣的主题风格加以合理运用。

（2）纯度的感情作用

纯度即色彩的饱和度，纯度的不同会形成朴素或华丽的不同感觉，一般来说，低纯度的颜色会产生朴素感和高雅的格调，反之则感觉华丽和热烈。

2.现代成衣色彩的感知效应

（1）成衣色彩的轻重感

成衣上轻下重的色彩搭配是比较常见的配色，能给人以稳定的感觉；而上重下轻则具有特殊的视觉效果，给人以运动变化的感觉。明度的高低决定着色彩的轻和重。明度低的色彩易使人联想到钢铁、大理石等物品，从而产生沉重、稳定、降落等感觉。明度高的色彩使人联想到蓝天、白云、彩霞，以及许多花卉还有棉花、羊毛等，从而产生轻柔、飘浮、上升、敏捷、灵活等感觉。

（2）成衣色彩的软硬感

色彩软硬感的产生主要也来自色彩的明度，但与纯度有一定的关系。明度越高感觉越软，明度越低则感觉越硬，但白色反而软感略强。明度高、纯度低的色彩有软感，中纯度的色也呈柔软感，因为它们易使人联想起骆驼、狐狸、猫、狗等动物的皮毛，还有毛呢、绒织物等。高纯度和低纯度的色彩都呈硬感，若它们明度又低则硬感更明显。

（3）成衣色彩的冷暖感

人们往往用不同的词汇表述色彩的冷暖感觉，主要描述如下。

冷色 —— 阴影、透明、镇静的、稀薄的、淡的、远的、轻的、微弱的、湿的、理智的、圆滑、曲线型、缩小、流动、冷静、文雅、保守等。人们见到蓝、蓝紫、蓝绿等色后，则很容易联想到天空、冰雪、海洋等物象，产生寒冷、理智、平静等感觉。

暖色 —— 阳光、不透明、刺激的、稠密、深的、近的、重的、强性的、干的、感情的、方角的、直线型、扩大、稳定、热烈、活泼、开放等。人们见到红、红橙、橙、黄橙、红紫等色后，会马上联想到太阳、火焰、热血等物象，产生温暖、热烈、危险等感觉。

中性色 —— 绿色和紫色是中性色。黄绿、蓝、蓝绿等色，会使人联想到草、树等植物，产生青春、生命、和平等感觉。紫、蓝紫等色使人联想到花卉、水晶等稀贵物品，故易产生高贵、神秘等感觉。至于黄色，一般被认为是暖色，因为它使人联想起阳光、光明等，但也有人视它为中性色，当然，同属黄色相，柠檬黄显然偏冷，而中黄则感觉偏暖。

色彩本身并无冷暖的温度差别，而是视觉色彩引起人们对冷暖感觉的心理联想。色彩的冷暖感觉，不仅表现在固定的色相上，而且在比较中还会显示其相对的倾向性。如同样表现天空的霞光，用玫红凸显朝霞那种清新而偏冷的色彩，就感觉很恰当，而描绘晚霞则需要暖感较强的大红了。但如与橙色对比，前面两色又都加强了寒感倾向。

（4）成衣色彩的进退感

在成衣设计中，同色彩、同花型与色块面积不同，色感强度不同的面料搭配时，面积小、色感弱的面料用于上身合体部位，有收缩感；面积大、色感强的面料用于裙摆部位，更扩大了造型美感。色彩的进、退感由各种不同波长的色彩在人眼视网膜上的成像有前后的不同，红、橙等光波长的色在后面成像，感觉比较迫近，蓝、紫等光波短的色则在外侧成像，在同样的距离内感觉就比较后退。

（二）现代成衣色彩的配色规律

1.现代成衣色彩的对比关系

（1）色相对比关系

在艺术领域通常用色相环（图6-10）来表示常见的各种色相，将常见的红、橙、黄、绿、蓝、紫及相间的各色按秩序排列就得到一个色相渐变过渡的色相环。

图6-10　色相环

根据不同的搭配关系，可以将色相对比关系归纳为以下几种。

①同类色对比。同类色对比是在色相环上以同一种色相为基础的不同明度或纯度色彩的对比搭配。同类色对比的色调统一，具有含蓄、稳重、朴素的美感，但也容易出现含混、单调、平淡、呆板的缺点。这种配色关系是最容易达到和谐效果的方式。

②邻近色对比。在色相环上大约间隔30°左右，都含有同一种色相的色彩，比如红和橙红。邻近色对比是在色相环上相邻几种色彩的对比搭配。这种对比关系也是比较协调的，邻近色搭配的效果对比差，搭配较柔和、文雅，但容易产生单调、无力、贫乏等缺点，可以通过调节明度和纯度来加强对比效果。

③类似色对比。类似色对比是将在色相环上大约间隔30°～60°左右的色彩进行对比搭配。通过明度、纯度的变化，能产生更加丰富的对比效果。类似色对比在成衣上表现出活泼、丰富的效果，但又保持了色彩和谐单纯的关系。

④中差色对比。中差色对比是将在色相环上间隔90°左右的色彩进行对比搭配。例如红与紫，这类色彩对比在色相上有一定的对比效果，表现出活泼明快、

热情饱满的特点，常使用于运动风格的成衣设计中。

⑤对比色对比。对比色对比是将在色相环上间隔 120°～150° 左右的色彩进行对比搭配。对比色对比在色相上表现出很强的对比效果，在成衣上表现出色彩鲜艳醒目、跳跃的特点，视觉上令人兴奋。但其也容易出现色彩不统一、不协调、过于刺激等现象。可以通过调整纯度或面积大小来弱化对比关系。

⑥补色对比。补色对比是将在色相环上 180° 直线相对的色彩进行对比搭配。这类色彩在色相上的性质是完全对立的，在视觉上表现出强烈的对比效果，非常活跃、炫目、不稳定，富有刺激感，但如果处理不当就会产生粗俗的感觉。

（2）明度对比关系

如果在配色时从色彩的明度着手，就可以将各种色彩从亮到暗分为三大类，即高明度色调、中明度色调和低明度色调。

高明度色调：高明度色调的成衣看起来轻松、明快、洁净优雅，是夏季常用的配色方法。

中明度色调：中明度色调的成衣看起来饱满有力，尤其是偏中灰的色彩的成衣更具有含蓄稳重的男性化风格。

低明度色调：低明度色调的成衣是以较暗色彩为主，看起来具有庄重、严肃、沉静甚至忧郁的成衣风格。

如果在三种明度色调的配色中拉大色彩的明度对比差异，就会形成常见的六种基本色调对比，即高长调、高短调、中长调、中短调、低长调和低短调。

高长调：高长调以高明度的色彩为主调，色彩对比差异大，这种成衣色调明快、清晰，适用的人群及季节都很广。

高短调：高短调以高明度的色彩为主调，色彩对比差异很小，成衣色调明亮、优雅、抒情、含蓄，夏季使用较普遍。

中长调：中长调以中明度的色彩为主调，色彩对比差异大，视觉效果丰富、充实、有力。常被看作是男性化的色彩搭配方式。

中短调：中短调以中明度的色彩为主调，色彩对比差异小，色彩效果比较含蓄、朦胧。

低长调：低长调以低明度的色彩为主调，色彩对比差异大，色彩效果是反差大、刺激性强，有爆发力，稍有压抑、深沉感。

低短调：低短调以低明度的色彩为主调，色彩对比差异小，色彩感比较深沉、忧郁、寂静。

2.现代成衣色彩的配色调和

（1）色调配色法

色调配色法主要有以下几种。

①色调重合配色。色调重合配色采用同一色相的两种或两种以上在色调上具有明度差的色彩来进行配色，也被称为单色配色。生活中一个单色物体的迎光面和背光面的配色，就运用了这一方法。

②类似色调配色。类似色调配色就是将类似的色调组合起来的配色方法，其以一个色相为基础，在邻近或类似的色调范围内选择。

③基调配色。基调配色是在基础的色调中，加入中明度、中彩度的中间色色调的方法。在以低彩度的色调为基调的配色中，整体配色的感觉是由支配整体配色的色调来体现的。以高彩度区域的色调为基调的配色，给人一种强烈的感觉。若在其中加入一些中彩度的色调，就可以控制这种强烈的感觉，给人一种朴实的印象。

（2）季节配色法

季节配色法是一种以季节的色彩感为主体的配色方法。

①春的印象配色。春天会让人们想起桃花那样的淡色调，郁金香那样的明亮色调，所以，粉色、黄色、黄绿色等组成的明亮色彩组合，能充分体现春的色彩感。

②夏的印象配色。夏天常常让人们想起阳光与海滩，所以富有活力和健康明亮的色调较适合夏季。

③秋的印象配色。秋常让人们联想到柿子、枫叶、麦穗等果实成熟，充实的暗色调和沉着而高雅的色调。在红、橙、黄的暖色系中，由浓重而深沉的色调向暗而素雅的色调渐变的配色会给人以秋的感觉。

④冬的印象配色。冬天给人的印象是白雪皑皑的无彩色季节。那灰暗的色调，像寒冷的夜空。而与之相反的圣诞节，却充满了绿与红搭配的生动感。白与黑、绿与红等有对比感的配色可表现冬天给人们带来的感觉。

（三）现代成衣色调的创意搭配

色彩的存在与变化可以帮助穿衣者重新塑造整体型象。在让他人高度关注到自己的同时，就建立了同他人的某种良好联系，成衣色彩这种体现个性的特征具有重要的审美意义。成衣色彩可以给人一种美的感受。而合理的成衣色彩往往能给人一种感觉、一种情感、一种气氛，或高雅或世俗，或拘谨或奔放，或冷漠或热情，或亲切或孤傲，或简洁或繁复，无论哪种情形，它都能够让人真真切切地感觉到，并且常常给人留下深刻的印象。因此，成衣色彩的创意搭配在成衣设计中具有重要的地位。

1. 不同成衣风格的创意配色

每种色彩都有不同的特性，都有独特的色彩感情与个性表现。成衣色彩的情感表达正是将不同的色彩进行组合搭配，从而表现出热情奔放、温馨浪漫、高贵典雅、活泼俏丽、稳重成熟、冷漠刚毅等迥异的风格个性。因此，在了解不同风格成衣的创意配色时需要先掌握不同色彩的性格，现列举常见色彩的性格如下。

黑色：黑色具有双重性，一是象征沉默、黑暗、恐怖等，二是象征庄重、神秘、成熟、刚直、高雅等。

白色：白色是清纯、神圣的象征。散发着不容妥协，难以侵犯的气韵，体现出华丽而高雅的品质。

灰色：灰色介于黑白之间，更具高雅、稳重的气质。它最大的特点是可以与任何色彩搭配，形成不同的风格。

红色：红色象征着热情、大胆、奔放、开朗的性格，属于典型的乐天派形象。

橙色：橙色象征着性格开朗，具有个人魅力，活跃于社交场合，比红色更亲切。

黄色：黄色作为明度最高的色彩，体现明朗、阳光、活泼、明快等特征。

绿色：绿色体现个性平实、与世无争，待人谦逊、和善可亲，向往平静的生活。

蓝色：蓝色代表沉着冷静、善于思考、富有理性。

紫色：紫色代表神秘，有自己独到的品味，具有艺术天赋，感觉敏锐。

（1）浪漫风格成衣的创意配色

梦幻、浪漫是女人的天性，浪漫风格具有十足的女性味道。浪漫风格可以解释为"非现实的甜美幻想"，在这里是指华丽、优雅，并带有幻想气息的风格。浪漫的配色通常以柔和的女性味为中心，所要表现的是女性的自然与妩媚。常见的色彩是柔美的粉色、平缓的绿色、清纯的蓝色以及温和的黄色等明快色调，白色和浅灰也是必备色。

淡色对比组合是以淡色为基础的色相对比配色，这种配色属于亮色调，具有柔和、朦胧的对比效果。例如，以淡黄色为中心，配以高纯度的色彩，如小面积的浅玫瑰色、浅紫色、黄绿色以及灰色，便形成了一组颇有个性的色彩组合，充满青春、明快的气息。淡色邻近色组合以明亮的、柔和的暖色或冷色为主色调，再配以与其邻近的其他浅淡色彩，色调、色相相近，对比较弱，整体和谐优美。例如，以大面积浅淡的蓝绿色为基础色，再配以白色、蓝灰色，整体型成淡淡的、朦胧的色彩感觉。蓝绿色与白色相间的小花纹图案，更贴切地表现出浪漫的配色风格。将浅色所拥有的柔和感与冷色所特有的文静感相结合，可以表现出爽快、文雅的配色形象。

中间色对比组合以中间色为主色调，在配色中，使其呈现色相、明度的柔和对比之感，展现出一种自然的风格，配合色彩对比，其效果明朗、轻盈。如以浅蓝灰色为中心，配以小面积较鲜明的中性橙色、中性黄色以及极小面积的湖蓝色，即可以形成极富女性味道的活泼组合。中间色临近组合中间色彩的基调，色彩的倾向性较弱，因此要选择有女性气息的色彩，如灰褐色、粉灰色、黄灰色、青灰色、青紫色、驼色等，配色方式需要将单色与花色相结合。

（2）典雅风格成衣的创意配色

典雅风格成衣的特点是气质高雅、端庄，造型合体，着装形式讲究。典雅风格的原意为第一流的、经典的、古典的、传统的，等等。在形象设计中，它的含义为回归古典，具有雅致的气氛，将其运用在晚会形象设计、公众人物形象设计中，效果极佳。典雅风格经常给人一种距离感，引人注目。

典雅风格配色通常以中间色彩的运用为主，配以低纯度、高明度的颜色，没有强烈的色彩刺激，显得温文尔雅，不落俗套。中间柔和对比组合这种配色中色相、色调的差别不是很大，对比自然柔和。给人以柔和、平稳、优雅，值得信任的感觉。中间色邻近组合以中间色统领整体配色，具有稳定、沉着的感觉。如以灰蓝色为主，配以统一的冷色相的色彩，小面积的浅蓝色、深紫色、灰绿色，再加上中等面积的白色，整体就会形成文静高雅的感觉。

灰色基调对比组合仍以灰色调为主色调，配合比较鲜艳的色彩，对比度增加，但是依然存在调和关系，如以明亮的灰色调为主色调，则使用中间色调加以配合对比。小面积的灰橄榄绿色、灰红色、灰褐色以及深灰色与主灰色相配合，虽然配色较多，但都是含灰色调，对比之中存在着和谐之感，给人以厚重、可靠的感觉，且不失高雅的情趣，适用于男子生活形象配色及休闲形象配色。灰色基调邻近组合以灰色为主色调，在典雅风格中十分常见，如以灰色为基础，配合深紫灰色和灰褐色，加上小面积的紫罗兰色，形成引人注目的整体效果，大方且潇洒。应用于男子典雅风格的装束，显得很有贵族气质。

（3）民族风格成衣的创意配色

民族风格的形象设计源于各国传统的民族装束，这样的形象设计极富表现力，富有民间传统风味，别有情趣。

明亮色组合，鲜艳、明亮的色彩，并且运用拼接、图案等装饰手法，形成富有热带气息的色彩组合。如以大面积橙色为基础色，配以红褐色、金黄色、黄褐色以及一小块黑色，通过衬托或是勾勒图案的形式，可以起到加强效果的作用。这样的配色带有强烈的情感和浓郁的热带气息，适用于自由奔放的女性形象设计。

黑色基调组合，民族风格配色在用黑色基调时，有的配以鲜艳的色彩，对比强烈；有的配以中间色彩，显示稳定的感觉。白色基调组合，白色基调可分为两种：一种是使用带有白色的某一色彩，整体体现朴实的自然感；而另一种则是以白色为底色，以其他色来作为装饰。前者色彩效果随意舒适，后者效果或华丽，或民族风味十足。中间色基调组合，泥土、树皮或是未漂白的棉、麻等材料，具有自然色彩，都属于中间色调。如以灰橄榄绿为中心，配以深褐色、灰褐色、浅灰及深橙色，整体配色形成温暖、亲切的格调，产生一种与故乡亲近的安逸感。

（4）随意风格成衣的创意配色

现代生活紧张的节奏，促使人们渴望轻松一下。活泼随意的风格设计之所以为大众所接受，是由于人们心里希望摆脱紧张辛苦的生活环境，投入到活泼自由环境中去。随意风格是现代兴起的一种风格表现形式，其应用十分普遍。随意风格的配色具有明快、自由、轻松、随意的特点，且用色的规律与风格特点密切相连，用色大胆，但是也要注意色彩的和谐统一。随意风格配色一般分为以下三种形式。其一，灰色基调组合，以灰色和明亮色相配，形成清爽、活泼的感觉效果。如以灰色为中心，配以小面积的白色、浅蓝色，再加上漂亮的粉红色，就成为一组美妙的配色，展示出一种活跃、悠闲的效果。粉红色的面积与灰色面积接近，这样就加强了整体配色的感情色彩，使其更富有生机。其二，中间色调组合，以质朴的中间色为基础，这类色彩的明度和纯度都属中等，是一些色彩语言过于激烈的中间分子，但是，在配色时需要加强冷暖的变化、面积的变化，使配色富于轻松的动感。如以柔和的蓝绿色为基础，配合浅绿灰色、灰红色、黄灰绿色，形成冷暖的对比，这种富于变化的柔和对比，使人感觉舒适、轻松。其三，明亮色调组合，是活泼、随意风格的常用配色，适用于运动形象设计、旅游形象设计、休闲形象设计等，它与造型相互呼应，效果显著。明亮色为纯度、明度都比较高的一类色彩，再加上较为强烈的色彩配色，以达到某种自由随意的效果。如以大面积红橙色为基础，再配以小面积的黄绿色、青紫色、粉紫色以及黑色，如此构成整体上的强烈色彩对比，味道十足。由于黑色的调和，整体仍不失稳重感。

2. 不同色系成衣的创意配色

（1）无彩色系成衣的创意配色

无彩色系的搭配，通常是指黑、白、灰的配色体系，它最大的优点是可以调节明度。无彩色系具有调和的特点，它与有彩色系搭配效果尤佳。白色是清纯、纯洁、神圣的象征，它与具有强烈个性的色彩搭配可增强青春活跃的魅力，表现出不同的色彩情感。白色调的连衣裙点缀天蓝色，展现出飘逸、纯洁无瑕之感；白色长裙配以红色显得艳丽动人。白色与任何色的搭配均能表现调和的美感。灰色介于黑白之间，是黑色的淡化、白色的深化，它具有黑、白二色的优点，更具高雅、稳重的风韵，它最大的特点是可以与任何色彩搭配。灰色是表现古典、雅致、高品位所不能缺少的色系之一。黑色可以和无彩色系的白、灰及有彩色系的任何色组合搭配，从而营造出千变万化的色彩情调。黑色与有彩色系的冷色系搭配，给人一种清爽、朴素、宁静之感；黑色与金、银色搭配则可表现华贵富丽的感觉；若与有彩色系的暖色系搭配，则能表现女性的英气、端庄、精明利索的气质。

无彩色系的组配有很广的色域。黑与白既矛盾又统一，相互包容、相互补充，单纯而利落，节奏明确。黑、白、灰是最永恒不变的无彩色，它既可以表现经典的时尚，又可以表现独特的个性。在无彩色的配色中，单一的色彩配置也是很常见的。这种配色方法通常要借助于材质之间的多样变化，巧妙地利用衣料以及其外貌特征，产生不同的视觉效果，如纱、丝、绒、皮革、裘皮等材料，把这些材质搭配组合，效果非常独特，这是无彩色搭配的常用手法之一。

（2）有彩色系成衣的创意配色

在有彩色的搭配中，色彩的变化是丰富的。成衣的色彩并非色与色搭配这么简单，关键是要把握成衣的风格特征，从而使不断轮回变换的有彩色更有韵味。每一种颜色的成衣都有一种复杂的、细微的服装表情，一定要以人体肤色的明度变化为依据来选择。蓝色成衣具有色彩的空间特征，不同材料、不同明度的、不同款式的蓝色成衣都有一种内在的魅力。绿色、紫色、粉色具有中性色的性质。黄色成衣具有一种物质化的白色的特征，所以黄色系衣服能产生飘逸、华丽的表情。红色具有热情、喜悦的特征。可以利用各种质地面料的性格组成多种多样的红色成衣配色，如用波纹绸和乔其纱制作的红色衣裙，具有柔美的表情，用闪光的紫红色丝绒做成的礼服，具有大胆、热情和高贵华丽的表情。

成衣的风格不仅可以通过款式表现出来，它还可以用配色来表达。不同的色彩互相搭配，会引起人们不同的视觉和心理感受。不同的场合、不同的环境，需要有不同的成衣色彩搭配来与之相对应。只有合理的搭配，才能恰当地衬托出穿衣者的气质。

二、现代成衣的图案创意设计

（一）现代成衣图案创意设计的原则

1.适应成衣功能性

服饰图案的运用要同成衣的功能性相适应。功能性是成衣的基本属性之一，成衣种类不同，功能性也不尽相同。例如，夏装的功能在于遮体、凉爽，图案则应尽量在视觉及心理联想上起到这样的作用，多选择清新明快的色彩，尽量在薄、露、透的"透露"上做文章，可采用抽丝、镂空等装饰手段。冬装的功能在于御寒保暖，作为装饰的图案则应尽量给人以温暖的感觉，常见的如用裘皮作边饰、用绒布作补花等，避免做开敞透空的装饰。

2.与成衣风格统一

各时期、各民族、各地区以及各阶层的不同需要，都会造就不尽相同的成衣风格。具体到每一类成衣，甚至每一件成衣，都有风格上的差异，或粗犷、或细腻、或优雅、或朴素，往往通过造型、款式、材料、色彩、图案乃至做工综合地表现出来。所以，作为成衣重要组成部分的服饰图案要与其他元素保持和谐统一的关系，以相应的风格面貌对成衣的整体风格起到渲染、强调的作用。成衣设计追求风格的统一，成衣风格表现了设计师独特的创作思想和艺术追求，也反映了鲜明的时代特色。如我国传统的旗袍，在图案装饰上大多采用精美的花卉图案，并用刺绣工艺来体现，无论是图案还是工艺的选择，都把旗袍的精致、典雅、柔美的特征体现得非常到位。

3.符合结构与款式

成衣的结构通常符合人体体型和运动的需求，并随成衣款式的变化而变化。

一般而言，造型结构较简单的成衣，为求丰富，图案可多些、复杂些；而造型结构较复杂的成衣，其结构线、省道线必然会多，附加部件也多，图案装饰则可少些。针对后一种情况，有时可以直接利用结构线来做装饰的文章，这往往能形成一种严谨、明晰的装饰美感。图案除了要适合结构外，还需要契合成衣的款式设计。成衣款式是指成衣的式样，是整个成衣形象的"基础形"。服饰图案必须接受款式的限定，并以相应的形式去体现其限定性。例如，礼服设计中，有袖或无袖，无领或抹胸，鱼尾群或蓬蓬裙，对应图案设计是不同的。

4.图案具有时尚性

成衣是与流行、时尚密切相关的产业，有非常显著的时代性特征。成衣的设计强调流行性、时尚性。作为装饰用的服饰图案，同样要具有这类特性。

（二）各类型成衣中的图案运用

1.职业成衣

职业成衣在被细分化的现代社会中，有政府机关、学校、公司等团体，有空中小姐、领航员、引水员、警官、医生、护士、店员等职业区别。穿着职业成衣不仅是对服务对象的尊重，也可使着装者有一种职业的自豪感、责任感，是敬业、乐业在服饰上的具体表现。职业成衣的功能在于适应某种工作性质的需要，把着装者带入某种工作状态，并向社会表明着装者的职业性质和所处的工作状态。因此，职业成衣图案设计应与办公环境相协调，图案以单色、不明显的同类色图案或稍明显的、规整的几何图案效果为好。通常情况下，图案装饰形式多为点状和线状。线状图案装饰多采用或宽或窄的、与单纯底色形成对比的彩色线条，沿成衣的结构线或外廓边缘清晰而有序地展开。这种勾勒式的装饰处理能增强职业成衣的提示性，使之从装束背景中明确地显现出来，并且不失其应有的纯朴、厚重和大方。职业成衣的整体风格是整齐、简洁、挺括、大方。

2.运动成衣

运动成衣的功能性主要体现在满足人们进行体育运动时对成衣的要求上。运动成衣图案大都简洁、明快，其图案形象一般以几何图案、抽象图案和品牌标志性图案为主。运动成衣的图案设计强调鲜明的运动感，因而运动成衣及运动成衣图案的总体基调通常明朗、活泼，有力度感，装饰格局多为中心式或分割式，其图案的色彩往往纯度、明度极高，对比度强，有较强的视觉冲击力。

3.休闲成衣

休闲成衣是人类处于放松状态下所穿着的成衣，也是现代实用成衣中最主要的类别。不同性别、年龄、风格的休闲成衣，图案装饰也不尽相同。其种类繁多，或夸张显眼，或细腻柔和，或轻松亮丽。

4.内衣成衣

内衣的主要功能在于满足穿着者保护皮肤、矫正体型、衬托外装的需要。内衣上的图案常通过密集、复杂的装饰反衬出周围肌肤的柔润、光洁，所以内衣图案大多繁缛富丽，制作精良，既能醒目突出、引导视线，又能与人体皮肤形成肌理质感的互衬对比。在色彩的处理上往往比较单纯、和谐，纹样形象也比较细腻、秀丽，总体上表现出一种亲和、朦胧的美感。

第四节　现代成衣设计的系列化构成设计

现代成衣设计的系列化构成设计讲究共性和个性的运用。共性是存在于一个系列的各个单套成衣上的共有元素和形态的相似性，是系列感形成的重要因素。个性指体现在每个单套成衣上的设计特征，即每个单套成衣的独特性。将共性和个性这两者进行合适的搭配，能够产生统一而又富于变化的效果，但如果运用比例失调则会产生反效果。例如，共性的元素运用过多会导致设计单调、过于统一，缺乏变化和创新；而个性的元素运用过多则会导致成衣的重点过多，单个的设计元素超过了成衣本身，喧宾夺主。现代成衣设计的系列化构成设计时可以运用的设计点包括色彩、面料、造型、装饰和主题，本节主要就从这几个方面来探究系列化成衣设计的要点。

一、色彩系列化成衣设计

如图 6-11 所示为华伦天奴系列化成衣静态展。展厅是按照成衣颜色进行陈列的，其中分为大红色、黑色、白色和彩色。图片所示为白色空间陈列的红色系列礼服。可以看出礼服的面料、廓型、款式多变且形态各异，但是统一的大红色使得成衣的系列整体性极强，陈列在白色的空间内，色相的对比强烈，对视觉的冲击力很大。在追求成衣系列设计中的统一、整体感时，色彩、造型、面料、细节都可以起到调整和增强系列统一感的作用，其中以色彩的强调作用最为明显。

图 6-11　华伦天奴系列化成衣

（一）同一色彩的系列化设计

同一色彩的系列化设计可以采用以下几种手法。

如图 6-12 所示的红色礼服运用了蕾丝面料和透薄的纱料，红色的蕾丝面料、纱料和肤色透叠在一起，使得红色出现了层次变化。同色面料的混搭运用能够带来各种意想不到的效果。而面料的混搭设计也不光只有反光度才能够体现层次感，镂空、蕾丝等面料处理手法的运用也能够使同色相呈现不同的色彩感和层次感。

图 6-12　同色面料的混搭运用

　　如图 6-13 所示的系列成衣选用了渐变配色，使得整体系列感鲜明，同时色彩渐变过渡的位置发生变化，色彩的间隔设计以及变化丰富的褶皱设计使其即具有整体性而又不乏变化。同色面料进行纯度或明度的变化，然后组成色组，以色组的形式对系列成衣进行色彩设计。

图 6-13　同色面料的渐变变化

　　同一色彩的系列设计整体性极强，但很容易出现单调的情况。为了避免这种情况，可以采用调整色彩组合的位置变化、变化色块的面积大小、增加配色数量、采用多种质地的材料等方法，使系列成衣呈现丰富的效果。如图 6-14 所示，通过运用平面构成和立体构成中的形式美法则，以矩形、盘线、斜向分割和趣味造型的肌理处理手法使黑白色的搭配生趣盎然。

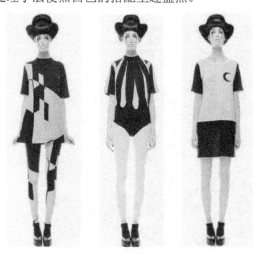

图 6-14　黑白搭配系列成衣

（二）类似色彩的系列化设计

两个邻近色相的弱对比色调，其效果比同一色相丰富活泼，保持了和谐、雅致、统一的特点。如图6-15所示的成衣在面料和造型上达到了统一，在色彩的搭配上采用了类似色和类似色调设计，即使色相出现了变化，但系列感仍然较强。成衣和配饰色彩交相呼应，在个体设计中达到了统一的色彩效果。

图 6-15 类似色彩的系列化设计

二、面料系列化成衣设计

（一）同一面料材质设计

系列化成衣设计的风格不同，选用的面料质感也不一样，如建筑风格的成衣会采用保形性好的面料，以强调其设计特点；而希腊罗马式风格的成衣则多采用柔软、悬垂性好的面料，以表现其纵向的线条组织。两种设计风格，选用前一面料给人以利落、大气、冷硬的感觉；后者则给人以柔软、飘逸、绵延的感觉。成衣系列设计可通过采用同一面料材质而形成系列。

（二）混搭面料材质设计

混搭讲究的是对比或层叠效果，以不同风格质感的面料通过透叠、相拼等手法形成对照，相互衬托以突出设计的创意。一般情况下，运用的对比手法有厚与薄的对比、镂空与透叠的对比（透明、不透明与半透明的效果）、软与硬的对比、细腻与粗糙的对比、肌理的对比（金属与尼龙、有光泽与无光泽、规则与不规则）等。

三、造型系列化成衣设计

成衣的外轮廓型主要有A型、S型、O型、T型、Y型、X型、H型等几种。不论是外部轮廓线还是内部结构线，都在成衣中发挥着重要作用。产生廓型创意设计的方法有很多种，如夸大、缩小、重叠、挖缺、添补、对称、均衡等，这些设计手法都会使廓型产生丰富变化。系列设计中外轮廓型的选择一般不超过3种，过多的外轮廓型容易使成衣系列出现凌乱感。

四、装饰系列化成衣设计

以装饰手段为共性的设计是指系列化成衣在廓型和款式上基本相似的情况下，使用工艺手法为其增加细节设计的精致感、变化感的一种设计方法。在以装饰为共性的系列设计中，为了使成衣既能形成系列感又富于变化，装饰重点往往会在不同部位间移动。夸大装饰图案或者突出强调某部位、以装饰物的数量变化在成衣上形成渐变或者聚散关系、间隔图案或饰物形成残缺美等手法都会使共性在系列中产生丰富变化，从而形成单套成衣的个性。在装饰时一般要注意其形式美感，合理运用节奏、聚散等平面构成和立体构成知识，注重点线面的构成原理，要有主次、重点，视觉重量要平衡。设计装饰的部位为第一视觉点时，出现在成衣上的位置要有所考究，一般与要强调的部位相统一。例如，一款S型的成衣，强调重点为腰部和臀围的设计，在髋部设计立体装饰，腰部保持S型，形成瓶颈的外型线，既突出了女性纤细的腰线，又突出了设计强调的装饰重点。其手法与垫高了臀部的裙撑所强调的着装效果有异曲同工之妙。为了达到更好的装饰效果，可运用补（手工贴补和机器贴补）、绣（手绣和机绣）、钉、盘（盘花装饰）、雕、折叠、抽丝、挑针、拼、垫、编织、钩针、印花、染（蜡染和扎染等）、绘（手绘和喷绘）等多种工艺手法。

五、主题系列化成衣设计

（一）主题系列化成衣设计的概要

根据主题进行系列化设计时，要注意以下三个方面。其一，色彩是最易让人产生联想的，因此常以暖色调来表达热情奔放、健康活力的风格；以冷色调来表达高贵、素雅、冷艳、刚毅的风格；以中性色调来表达优雅、经典、精致、含蓄的风格；以极色来表达简洁、时尚、单纯、敏锐的风格等。主色调的选择要和成衣主题风格相呼应。其二，主色调的选择和主题要相呼应，选定的灵感点是用来表现和发散主题的，因此主色调的选择要较多地考虑与灵感事物相关的色相。对于同一题材，不同的设计师设计会产生不同的感觉，联想的思维模式不同，发展引伸而出的系列设计也就各具特色了。如以大自然为启示，主色调可以考虑大地色系，提取返璞归真的色相，然后根据具体的想法确定是着重于某一季还是一年四季，在主基调的前提下选择亮色作为点缀色。同样是褐色、土黄和绿色的组合，春季中绿色基调就偏鲜嫩，而夏季则鲜艳和浑厚，秋季黄色和褐色则占主调，还应适当添加红色基调，冬季则是黑白加上深褐色。当主题表现的是海洋生物时，主色调应该根据海洋生物的启示来确定，深海中的海洋生物色彩丰富鲜艳，浅海的就稍微朴素一些，由此引起的联想和想象就更加丰富了主色调。其三，相同的色彩在不同的面料上会表现出不同的外观性格，在主色调的选择上应充分利用色彩的性格表达，体现面料的材质美和肌理美。例如，可以用色彩体现厚重材料的深沉、轻薄材料的柔美、硬材料的挺括、软材料的飘逸等。只有将主色调的设计与体现面料材质的各种特性美综合在一起，才能够产生惊人的效果，主色调的选择要和面料的质感相呼应。

（二）主题系列化成衣设计的方法

在主题系列化设计中，可以运用和借鉴的设计方法有很多种，通常运用较多的有仿生和复古两种设计法，这两种设计手法比较平常但运用较多，著名的郁金香裙就是根据郁金香仿生而得来的。此外，还可以借用一些风格主义进行设计，如现今较为流行的极简主义和解构主义，根据设计风格的主基调进行设计，对主题进行剖析，运用特定主义风格中的表现手法形成鲜明的特征。

主题系列化成衣设计在款式的变化上也有很多手法，以下列举几种。其一，分割或不对称。运用分割要注意不应分割得过于琐碎，而不对称讲究的是均衡之美。其二，放大和缩小。放大或缩小成衣的整体或者某一局部。在系列的成衣设计中，放大或缩小的部位可以变换，或者不变换。其三，要素重新配置。把成衣的各个部位进行充分分解，或者把成衣上的装饰元素、构成要素相互交换，重新组合配置。其四，重复和叠加。重复和叠加从广义上来说没有太大差别，但从狭义上讲，可以理解为两者的排列和构成形式有所不同。重复可以运用渐变或聚散的形式美法则一字排开，由点聚拢成线或者面。叠加则可以两形重叠相交，切片式设计就是把面料裁切成需要的形状，一片一片重复叠加构成立体型。其五，增加功能性的设计。成衣的属性包括功能性和装饰性。纯粹装饰性设计的成衣可以理解为艺术品，功能性设计的成衣则因其实用而被人们穿着。把装饰性的艺术品添加上功能性设计，既可以使之成为实用装，又可以增强其艺术性。

第七章
现代成衣设计的方向 —— 品牌

成衣品牌是指用以识别成衣的一种名称、术语、符号标记或设计，又或者是它们的组合。成衣设计师想要进入市场，获得大众的认可和喜爱，甚至引领时尚潮流，就必须打造自己的品牌。因为品牌的基本功能是区别其他产品，防止发生混淆，以及表达产品的质量特征。换言之，现代成衣设计的方向就是打造品牌。现代成衣设计的竞争逐渐进入系统的品牌竞争，品牌的系统性、个性化、持续性等都将成为现在乃至未来成衣品牌竞争的焦点，只有审时度势、顺势而为，才能让品牌常变常新，茁壮成长。

第一节　成衣品牌的设计调研

成衣品牌的设计调研是指以科学的方法有目的、系统地收集相关信息，并运用统计分析的方法对所收集的资料进行分析研究，为项目实施提供营销决策所需要的信息依据的一系列过程。成衣品牌在进行产品开发之前要做好市场调研，搞好市场情况分析，这是保证决策正确的措施之一。

一、调研的目的

市场调研的关键是发现和满足消费者的需求。为了充分了解消费者的需求，实施满足消费者需求的产品策略和营销计划，就需要对消费者、竞争者和市场有着比较透彻和深入的了解。以新产品开发为前提的市场调研，其主要调研目的是发现市场流行动向，获取下一季的流行要素，如廓型、款式、色彩、面料、图案、工艺细节等流行信息，以便开发出适销对路的产品，取得良好的市场销售业绩。

二、调研的内容

以产品研发为目的，市场调研的内容大致分为以下五个方面：国际流行趋势调研、成衣市场调研、街头时尚调研、目标客户调研、面辅料市场调研。

（一）国际流行趋势调研

世界四大时装之都为英国伦敦、法国巴黎、美国纽约、意大利米兰四个城市，它们是各国服装设计师的"朝圣"之地。四大时装之都每年分两次举办时装周，一至二月发布当年秋冬服装，七至八月发布第二年春夏服装，时装周发布的流行服装影响着全世界其他国家服装潮流的走向，每年各大时尚媒体都会竞相报道，服装设计师们可以通过媒体了解当年的服装流行动向，条件允许也可以亲临现场观看服装秀，了解最新流行时尚。在网络普及的今天，信息变得无国界，流行的传播速度因网络变得异常快捷。专业流行信息网站一般有收费网站和免费网站两种，各服装品牌公司或服装设计师可根据实际情况选择相应的网站来收集流行信息。范思哲（Versace）、古驰（Gucci）、迪奥（Dior）等国际品牌都开设了自己的官方网站，能查询品牌的相关信息。一般官网的更新速度要比专业流行信息网站稍慢。

（二）成衣市场调研

1.竞争对手的产品信息调研

俗话说"商场如战场"，买方市场的形成使竞争成为服装品牌企业不得不面对的现实。在产品研发中，除了要了解消费者需求、流行趋势以外，还需要了解与本品牌风格类似的企业产品情况，力争做到产品差异化，避免同质化、低水平竞争。

竞争对手的产品信息调研渠道一般可分为两种，一是参加各类服装服饰博览会。参加服饰博览会能了解到竞争对手的产品信息，服装品牌企业为了招募加盟商和代理商，会积极参加行业内的服饰博览会，展示研发新品。二是到竞争对手的品牌专卖店了解产品信息。

2. 本品牌的产品销售情况

在新产品开发之前，需要对本品牌上一年度的产品销售情况进行分析，了解哪些产品属于畅销产品，畅销原因是什么，哪些设计元素可以保留在下一季的研发产品中，哪些产品存在设计缺陷，在下一季产品开发中要规避。

（三）街头时尚调研

法国著名雕塑艺术家奥古斯特·罗丹说："生活中不是缺少美，而是缺少发现美的眼睛。"作为一名服装设计师，除了关注国际流行趋势和竞争对手，同时也要从生活中去发现美。服装经过消费者的搭配会产生意想不到的效果，很多设计大师的服装创作灵感就是来源于街头时尚。服装设计师可以从街头形形色色的路人当中去关注人们的衣着搭配，从中获取设计灵感。

（四）目标客户调研

对目标消费群体的需求调研，是产品研发很重要的一个环节。任何成衣设计都不能从设计师自身喜好出发，而需要从消费者需求的角度考虑，以满足其需求为最终目的，因此新产品研发需要听取品牌忠实客户的意见。

（五）面辅料市场调研

俗话说"巧妇难为无米之炊"，面辅料对于新产品研发的重要性不言而喻。目前服装品牌公司的面辅料一般从以下三种途径采购：国外面料厂商供样、国内面料厂商供样、国内面辅料市场选样。但也有些知名服装品牌的面料以定织定染的方式采购或者以买断某种面料的销售来保证面料在市场上的唯一性。新产品研发时期，服装设计师需要与面料厂商充分沟通，了解面料的流行新动向、新面料的创新点等，这有助于设计师选定面辅材料，开展设计工作。

三、调研的步骤

在服装品牌企业中，全体设计人员都需要参加市场调研工作。因此市场调研工作的组织与管理就非常重要，如果组织不当、管理不善，将影响产品研发的方向，甚至导致产品设计失败。品牌服装调研一般有以下几个步骤。

（一）确定市场调研小组人员，召开工作研讨会议

在市场调研小组中，一般由设计总监或者产品经理担任小组组长，带领设计师共同完成市场调研工作。设计总监主持召开市场调研工作会议，充分听取大家对调研工作的建议，参会设计师应积极主动发言，献计献策，共同做好调研工作的整体规划。经充分研讨，由设计总监决策，确定市场调研的工作时间、调研内容、任务分工以及阶段性成果提交时间、调研成果的表现形式等，任务分配要具体，指令要明确。

例如，要求设计师秦某在三天之内完成对竞争对手品牌 A 的色系规划与面辅材料调研，调研成果以 Word 文档形式提交，要求图文并茂、排版美观、信息具有代表性。

（二）各小组成员分项目、分步骤进行市场调研工作

将市场调研工作会议确定的相关内容制作成市场调研工作计划表，将工作计划表下发给每一位小组成员，各小组成员依据分工，同步开展市场调研工作。

（三）分阶段汇总调研信息，总结并提出改进意见

由于是以团队合作方式进行市场调研工作，因此，调研组长要严格按照计划表的时间规划，检查设计师的调研进度与调研成果，全面了解调研情况。组长通知各分项目调研负责人上交调研成果，召开小组会议，听取各分项目调研负责人汇报调研情况。各分项目调研负责人应对自己负责的调研工作进行归纳总结，准备好展示资料（如 PPT、相关实物等），以便在小组会议中能准确、流畅地汇报调研情况，节省会议时间，提高工作效率。组长听取各分项目调研负责人汇报后，组织成员互评，分别对各分项目的调研工作进行点评，列出需要改进的问题，并组织成员逐一讨论。最后，由组长进行调研工作总结并安排下一阶段的补充调研工作和任务。

（四）分项目补充完善市场调研的信息

根据小组会议的安排布置，进一步完善市场调研工作。此阶段，调研工作的重心放在查漏补缺上，要有针对性地开展工作，力求做到资料收集完整、丰富，具有典型性与代表性。

（五）归纳总结市场调研信息，撰写市场调研报告

一般由设计团队中文学素养好、逻辑思维能力强、审美品位高的设计师撰写市场调研报告初稿。初稿完成后，设计总监召集团队成员共同研究讨论，指出报告中存在的问题后，再由撰写者进一步修正、完善。

（六）陈述调研报告

产品研发作为工作中的重中之重，历来受到成衣品牌企业的重视。而市场调研作为产品研发工作的基础性工作，也是非常重要的。市场调研工作结束后，一般应召开市场调研汇报会，向总经理、销售部人员等汇报调研情况，以便公司相关部门了解流行时尚及市场动态。同时，通过市场调研汇报会，也能听取其他部门人员的意见，补充遗漏的信息。一般由设计总监或企划总监担任陈述人，陈述时要求仪表得体、表达流畅、重点讲述透彻清楚。

第二节　成衣品牌的设计定位

在日趋激烈的商品市场上，没有一个品牌的服装能同时满足所有消费者的需求，也无法占领整个服装市场。因此，想要提高市场竞争力，就必须寻找到打入市场的缺口，并对目标市场进行锁定，在满足市场需求的基础上制定相应的品牌定位计划，这是成衣品牌建立和完善的必备功课。

一、消费对象定位

消费对象是成衣品牌瞄准的目标消费群体，也是品牌设计师的灵感缪斯。不

同的消费对象在购买服装方面的兴趣、能力和行为的差异很大，需要对他们进行细致了解：他们是哪个年龄层？他们从事什么职业？他们平常都在什么地方购物？他们的文化程度如何？他们的着装喜好是什么？他们的收入情况怎样？他们的个性、气质如何？他们常出入的场合有哪些？根据这些特点进行明确的划分和深入分析，因为它们决定了其所需要的服务，是产品价值实现的终端。设计师可以去商场逛逛或在网上寻找目标消费群的代表，将他或她作为消费对象的虚拟形象，根据其特点进行产品设计。如对于一位穿着时尚、优雅黑色套装的职业女性，装修华丽的餐厅、高档购物中心、环境优美的度假村、宽大的办公室和SPA休闲中心等场合可能是她经常出入的场所。从这些场所不难看出，该女性是一位事业成功的女性，有着较高的生活品位，注重自己的穿着打扮，对生活质量要求高。针对这类人群，在设计服装时就要充分考虑到她们的日常需求。表7-1是某品牌对自己消费对象的定位分析。由此可见，想要做出正确合理的品牌定位，首先需要对消费对象、消费市场进行认真的分析与研究。

表7-1　某品牌对消费对象的定位分析

平均年龄	40 岁
核心客户群	受过高等教育，有一定社会地位、事业成功的女性；从事高校教师、医生、律师等职业的时尚女性；成功男士身后贤淑、精明、高品位、有修养的优雅女性；对民族文化有深厚感情、怀旧、有知识的复古女性；对中国传统文化有浓厚兴趣的外国游客
购买意识	有中国文化的根基，有较高层次的审美眼光，品位、格调较高，不随波逐流，不附庸风雅，能代表身份，重视时尚潮流
喜欢的场所	高档会所、餐厅、剧院，以及富有天然气息、令人心旷神怡的旅游胜地或旷野地域
喜欢的品牌	宝姿、夏姿·陈
喜欢的杂志	ELLE、VOGUE
家庭关系	多为满足感、自我优越感强的女性，因有成功事业、美满家庭，成熟职业女性的自我价值得以充分发挥，懂得工作与家庭兼顾，在事业与生活上有较高抗压性，能妥善处理二者的平衡
工作观	经济稳定，女性领导受到社会的尊重和认可，期冀宽松环境，能在仕途与商圈中有长远发展
交际	善于思维缜密的沟通交流，从谈吐修养中体现对行动的满怀热忱，对思考的勤勉睿智
着装习惯	大方得体，凸显东方气质，高品位，善于捕捉流行资讯，但毫不俗气，只选择适合自己的，衣橱更新比较快
饮食习惯	健康科学，讲究饮食，也讲究饮食环境，对有情调、异域风格的餐厅情有独钟
居住习惯	靠近闹市区，出行方便，房间简洁明朗，大多用一些具有艺术气息的装饰品，喜欢惬意的私人空间
休闲习惯	对艺术性的事物充满兴趣，会去别致餐厅、博物馆、剧院调节生活节奏，会选择进修、度假去开阔视野、放松心情

二、品牌风格定位

在大多数情况下，品牌风格是从设计师的主观审美意识出发的，它不是对自己喜爱设计师风格的复制，而是在设计的过程中展示自己的设计理念和独特的审美趣味。但是，在设计过程中需要保持平衡：这种风格不能太过于超前或出格，否则很难在市场上进行拓展。只有风格满足了消费者的心理需求，产品才能赢得市场的青睐。如乔治阿玛尼（Giorgio Armani）的高雅、简洁、精美，这些特征已经成为其品牌风格；而赛琳（Celine）以极简主义的中性风格著称；安娜苏（Anna Sui）浓郁的复古色彩和绚丽奢华的气息也是它的品牌形象。而英国著名设计师维维安·韦斯特伍德（Vivienne Westwood）朋克的装着、浪荡不拘的模样、图样血淋淋的 T 恤、假皮的灯笼裤以及不受传统束缚、抵抗到底的态度，已经成为其独特的品牌风格，让她成为时装界的"朋克之母"。

成衣品牌的风格一旦确定下来，就应该长期坚持，不要轻易改变，只有这样才能形成顾客对产品的忠诚度。当然，随着时代的变化，品牌风格也必须进行符合时尚潮流的微调和延伸，做到风格稳定而不僵化。另外，具有稳定的品牌风格，还能避免品牌因设计总监的更换等造成风格的波动和转型。

三、产品品类定位

产品品类的定位是根据目标消费对象、季节、地理因素和生产加工资源来确定的。服装产品品类一般可以从性别和年龄上划分。无论是男装、女装、还是童装，每个类别都有不同的细分类。例如，从面辅料上分，可分机织、针织、毛织、牛仔、棉衣、羽绒服等；从穿着的身体部位上分，可分为内衣、上衣、裤装、裙装等；从穿着场合上分，可分为正装、休闲装、制服、运动服、婚礼服、晚礼服等。

在考虑产品品类定位的时候，需要先明确产品是以单一的产品类别出现在市场上，还是强调服装的系列性。所谓的单一产品，也就是只生产销售一种或两种款式。在这种情况下，完全可以选择"以点破面"的形式，在先做好一种产品的基础上，扩大到一整个系列的产品领域中去。例如拉夫劳伦（Ralph Lauren）就以一个小小的领带系列开启了他庞大时尚帝国的大门。

系列化产品则需根据品牌的风格，充分考虑不同类别服装之间的比例关系和组合搭配，包括廓型搭配、细节搭配、色彩搭配、图案搭配、材料搭配等，强调塑造一种统一协调的形象，组合形成某种整体风格。除了服装组合搭配外，还需要考虑各种配件，如鞋、箱包、首饰、丝巾、香水等。

也有许多设计师将这两种方式进行结合，在保证其品牌风格和搭配完整性的大前提下，塑造属于该品牌标志性的产品。例如，意大利品牌麦丝玛拉（MaxMara），其产品线涵盖了服装、手袋、配饰、皮具等，形成完整的系列感，同时该品牌也睿智地将其第一个时装系列中的驼色大衣作为它们的主打产品（明星产品），在每季的服装中都会制作销售，一定程度上加深了品牌在消费者心目中的形象，提高了产品的认知度。

四、产品构成定位

在新一季产品中，即有较时尚前卫的服装，也有基本款服装；有销售好的产品，也有销售相对一般的产品。因此要有针对性地将其划分为新潮产品、畅销产品和长销产品，并对它们所占的比例进行份额定位。

简单来说，畅销款就是大众喜爱的、受到市场欢迎的产品。一般畅销款在一季服装构成中所占比例最大，因为它是能够有效抢占市场份额、实现销售目标的主打产品，经常被作为大力促销的对象。这类产品所针对的穿着场合较广，市场需求相对较大。

长销款是指那些很少受到流行潮流和导向影响的产品。各季节都有稳定的销售量，如羽绒服、针织衫之类的经典产品。它们在一季的服装产品构成中常常以单品的形式推向市场，所占比例较小，起到搭配和点缀的作用，并且销售相对稳定。

新潮款即形象款，顾名思义，也就是符合市场最新潮流的服装产品。其目的不在于依靠新潮款来获取利润，而是利用新颖造型、新型材料、有趣味性的色彩搭配来吸引消费者，加深消费者对品牌的印象，提高品牌辨识度，对生活方式具有较强的引领性和倡导性，所以常作为展示的对象出现在秀场上、广告中或百货商场的橱窗里。此类产品主要针对那些时尚敏感度很高的消费者，因为难以预计和把握市场实际需要程度，因此在整个比例中所占份额不多。新潮款一般造型优美、时尚，制作精良，价格昂贵。

五、产品规格定位

我国的服装号型有 XS、S、M、L、XL 等，依次增大。不同的国家，其体型和穿着习惯也不尽相同，所以对服装规格的制定也不同。

要针对目标消费市场的具体情况，对每件单品服装中不同号型规格出现的比例进行调整控制。例如，将目标市场定在欧洲，那么应缩小小码比例，增加大码的规格和产品数量；如果目标市场是少女，中、小码的比例则相应增大。

此外，在为产品进行规格定位时，根据目标消费对象的特点，会有所针对地调整服装的号型规格，包括改变长度、比例等。例如中老年服装，由于大部分中年人的体型已经不再那么标准，可能会存在腰粗、胳膊粗、臀部丰满等特征，为了修饰和美化穿着效果，就要在一些局部尺寸上放大或缩小，同时为了保证整体效果不变，在整个服装的比例关系上也会进行相应的调节。

六、产品价格定位

经济条件好的消费者也不会不顾一切地去买最昂贵的衣服。现在绝大部分的消费者对服装的消费都比较理智，他们希望能够买到物有所值的甚至物超所值的服装。因此，设定合适的价格至关重要。

消费者对价格都会有自己的心理底线，他们会判断服装的价值，并与其他类似的服装进行比较，在心里为其设定一个心理价格。这就要求商家去关注竞争品牌所设定的价格，了解该市场中服装产品的价格带和价格波动变化，再根据自身的具体情况（如产品质量、文化内涵、目标消费群体）来制定一个既能获取利润又能满足消费者价值期望的公平、合理的价格。

影响产品价格的因素有很多，其中，最主要的是原材料价格和制作成本。一般情况下，服装的制作成本是相对比较固定的，原材料价格成了影响服装价格最主要的直接因素。一件服装，它的面料幅宽差别几厘米就会使整体成本产生巨大的差异。如果成本估算过高，有时会改用其他替代面料进行制作。

同时，在制定价格的过程中还应该考虑到产品的附加值。现在很多服装品牌已经不仅仅是在做服装了，更是在传播文化或生活理念，这无形中给服装打上了文化的标签，将服装本身的价值大大提升。例如无印良品，它们的服装都采用天然棉麻制作，其成本并不算高，但它的销售价格不算低，因为它将产品升华到了

文化层面 —— 提倡简约、自然、环保、富有质感的慢生活，给消费者提供一种新的着装感受，甚至有时会给顾客提供一个新的身份 —— 环保主义者。

七、产品产销方式定位

产销方式，顾名思义就是产品的生产方式和销售方式。生产方式大致有独立生产、委托加工和部分委托加工三种。据调查，服装行业中独立生产的量在逐渐缩小，只占全部产品的 25%；委托加工和部分委托加工占到了全部产品的 75%。由于近几年海外廉价加工市场的竞争压力，国内许多自产服装企业面临倒闭的危机，越来越多的企业为了规避风险，减少了独立生产。大多数服装设计工作室由于其规模无力承受大批量生产，所以基本上都会选择委托加工。部分委托加工也是目前市场上十分普遍的。例如西班牙品牌飒拉（ZARA）就是一个内部生产和外部委托加工相结合的典型案例。它们自产的服装通常从设计到生产只需要 10 天，而委托加工生产的产品，也要求在运往零售店的 6 个月前完成。

现在，购物成为人们主要的休闲活动之一。人们选择购物的渠道和方式也越来越多，可以选择去百货商场、专卖店购买，也可以找代购店购买或在网上购买。所以销售方式也应多元化，包括批发、厂家直销、代理销售、百货商场零售、专卖店零售、折扣店、网上购物等形式。不同品牌要根据自己的特点与优势进行产销方式的定位。

第三节 成衣品牌的主题策划

主题策划就是将灵感固定下来，是指导设计的手段之一。主题对于企业、设计团队、产品都有重要的参考价值，主题设定的好坏，直接关系到品牌产品的畅销与否。

一、主题策划的灵感

每一个成衣品牌都有自己特定的品牌定位，即使获得同样的灵感，也会根据品牌定位、成本核算等实际情况设计出不同的服装。这个时候，收集灵感的大脑就像一个神奇的机器，各式各样的新鲜事物进入这个机器，而从另一端出来的则是经过筛选和加工的元素，等待着被组合成符合某一特定品牌风格的作品。

在寻找灵感时，必须以自己所服务的品牌为依托。国际著名的设计大师约翰·加利亚诺在刚入主迪奥品牌时特别注意尊重迪奥品牌原有的精神，花费大量的时间和精力去了解这个经典品牌的本质。他非常清楚自己的职责是在保留迪奥品牌精神的前提下，发挥创意，使它焕发新的活力。如今，许多服装品牌在招聘新的设计师时，会给予一段时间，让新设计师了解并掌握本品牌的本质风格和特点，在此基础上，才是新设计师施展才华的空间。如果设计师与品牌不能很好地磨合，或者设计师不愿遵循品牌固有的风格，则双方很难合作下去。

国内外著名设计师的灵感和创意都经受了品牌本身和市场的考验。每年，许多服装公司都会组织设计师外出参加面料展或者服装发布会，通过这种手段使设计常新。在灵感确实匮乏的时候，可以通过旅游、参观博物馆、翻阅书籍、电影等获得灵感。香奈儿（Chanel）的前设计师卡尔·拉格斐曾经来中国做发布秀，两三天的行程中有近一半的时间是在上海博物馆度过的。

二、主题策划的方法

（一）确定主题

确定主题必须在充分调查消费者需求和欲望的基础上，同时考虑时代气息、社会潮流等，主题可以是几个字或者是一段话。商家应每年根据品牌情况，可以结合流行趋势先定一个明确的大主题，在这个大主题下再分出数个分主题，也就是系列主题。主题的确定能使设计风格统一，产品的指向性强。

广义的主题包含了文字概念、色彩概念、面料概念、款式概念等内容；狭义的主题则仅指文字部分。设计师可以根据主题设计的运用方式选择是制作广义的主题还是狭义的主题。一般成熟的设计师则仅仅靠制作狭义主题即可。例如某休闲装主题——主宰：飞扬的青春，年轻的生命。冬日里，阳光依旧灿烂，不畏严寒，去郊游、去奔跑，这个星球，要由我们来主宰，让地球旋转起来。由这个大主题可以寻找到很多的设计元素，也可以在这个大主题下生发很多系列主题。有的品牌制作的主题界于广义主题与狭义主题之间，既包括部分文字概念、色彩概念、面料概念、款式概念，但内容又不是非常全面，这种还是被界定为广义的主题。

主题制定之后如果发现局部有问题，可以进行调整。因为最初制定主题时往往是模糊和笼统的，在实际进行设计的时候，设计师会发现之前定的主题有很多因素没有考虑到，比如，主题的流行度不够，主题立意不够新鲜，主题的受众对其接受度可能不够等，因此要进行调整，使主题更鲜明。

一般情况下，季度产品可分为三四个系列主题，用文字或结合图片对系列主题进行定义、诠释。在各个系列主题中，面料的色彩搭配、面料的质感、图案和款式的特点既有区别又有联系，从属于大主题。如某重庆品牌的系列主题定为：田园情怀 —— 畅想、田园情怀 —— 梦幻、田园情怀 —— 情迷、田园情怀 —— 浪漫等，这个系列主题使整个年度的主题具有统一性、延续性。

下面以某品牌的秋冬产品开发为例，一起来探讨主题设定要考虑的元素：

某品牌的基本情况：中档女装，品牌受众的年龄定位为 30 ～ 45 岁，该年龄段的消费群体是服装消费的主要群体，是消费群体中购买单件服装价值最高的群体。该群体的人生观和价值观已相对成熟，因此对风格、时尚有自己的喜好，购物较理性。根据往年的经验，该品牌的秋冬季产品中，大衣、毛衫、裤子的销售额高，市场占有率大，因此本季秋冬产品中还是以畅销款型为重点。

流行趋势：人们的生活节奏不断加强，人们开始怀念往昔，尊重过去，渴求恢复原始质感，因此考虑用一些怀旧元素。图案方面，据调查研究，装饰性图案比较符合该品牌。色彩方面，秋冬季中，米色、咖色、驼色这类大地色调是历年来该品牌的畅销色，因此还是延续这些颜色。

商家要出售的不只是商品，还有隐藏在商品背后的一段段故事。因此，要给消费者营造一个沙滩休闲氛围，继而根据沙滩的色彩、沙的质感联想到泥土和陶艺，这样第二个主题也应运而生了。前两个主题的色彩过于单调，加之流行趋势预测紫色和蓝色将一度流行，因此联想到海洋生物、植物花纹等，所以第三个主题是关于海洋动植物的，如表 7-2 所示。

表 7-2　某女装品牌的主题设计

主题	泥土	陶艺	海洋动植物
色彩感觉及搭配	主色：米色、咖啡色、驼色 辅助色：黄色、蓝色	主色：咖啡色、灰色 辅助色：绛紫色、绿色	主色：墨绿色、黄色、海蓝色、绛紫色 辅助色：白色、紫色
面料感觉	麻、毛、有发光效果的涂层面料、花式针织面料	粗犷且肌理效果丰富的面料、经向凸条织物，类似陶艺纹样图案的面料：毛、麻、粗针羊毛	有海洋动植物图案的面料：棉、毛、麻、灯芯绒
款式	以大衣、毛衫、裤子等畅销款为主，以夹克、衬衣、羽绒服为辅		

（二）主题设计

1.收集相关风格的流行元素

服装的风格有多种：都市风、田园风、嬉皮风、朋克风、未来科技风、运动休闲风等，各自都有对应的流行元素，但并不是说这个流行元素可以用于都市风格，田园风格就不能用。例如，淑女风格的服装以蕾丝花边和可爱的元素组合为主。淑女风的蕾丝花边，一样可以出现在田园风格、都市风格的服装里面，只要稍做调整，符合品牌内涵即可。所以设计师平时要注意广泛收集流行元素，以便于在设计时能运用。

2.用故事板表达相关流行元素

在许多公司，通常设计总监会将所有的概念用同一个故事板来表达，主题以拼贴画的形式表现，将图片和文字装裱在一块 KT 板或纸板上，图片是文字的补充和解释，尺寸取决于具体内容的多少和公司的实际情况。这样能直观表达设计主题，我们把它叫作主题故事板。主题故事板通常会包括一系列关键词，如"感觉""舒适"或者"诱惑"。如若本系列是针对某一特定的顾客群设计，将更具有针对性地选择符合这个顾客群的生活方式或者身份地位的图片。

通过故事板向他人展示设计师所聚焦的设计信息——色彩、面料、辅料、图案、搭配方式等，无论客户、资金赞助商、设计团队或者企业主管，都可以通过故事板很明确地了解主题。设计师通常将图片和面料小样等进行合理排版和构图，便于突出主题。通常每个季度会根据上市时间划分不同的时间段，在不同阶段推出不同的主题系列，有些品牌也会在同一时间推出几个不同的主题系列，但是这些主题都应符合这个品牌的风格定位，同时也要考虑市场接受度和潮流动向。很多品牌根据自身情况，联合流行趋向确定主题，一年通常有三四个主题。有的品牌一年有七八个主题，如果主题过多，则会将整个年度的主题编个故事串联起来。在各个主题中，面料的颜色搭配、质感、图案和款式的特征既有区别又有联系。

主题板要包含主题文字、主题色彩、主题面料、主题款式等内容。文字概念可以是题目和概念，是对主题大方向的定义，如果有多个系列，则可在大标题下生发诸多小标题。小标题下可以有诸多关键词。文字组合是很有魅力的一项工作，好的主题文字可以给人无限联想。同时文字也要和品牌的风格相关联。如品牌耐克和品牌迪奥的主题文字就有很大不同，耐克的主题应该是有运动感的词汇，如"尽情运动"之类的词汇；而迪奥的风格为奢华和张扬，那用"跳起来""快跑"之类的词汇就不合适。

主题色彩是对主题用色方面的界定，可以是一组色彩，也可以是多组色彩，总之，以成组色彩渲染出主题。在选择色彩的时候一定要恰如其分地使用流行色，即便制作单色的品牌，也需要考虑流行色，这些流行色可以作为该品牌的装饰色出现，使品牌在每一季都有新的风貌。

我们通常把色彩分为使用频繁的基本色和用量较少的点缀色，即主色和辅色。许多品牌都有自己的基本色，如国际一线品牌香奈儿主要以黑色、白色、粉色、红色、蓝色等为基本色，辅以少量流行色为点缀色。一个季度有多个系列主题时，设计师要有计划、有主题、有节奏地理性安排色彩计划，遵循季节变化的规律，以大延续、小变化的色彩设计手法来确定产品的整体色调。色彩方案可同时选择几组色调表达，以确立最佳的方案。

主题面料是指在主题板里面用真实的面料呈现出主题效果，这些面料给出的是产品的真实色彩和质感风格，这些面料可能是成衣要用到的面料。如果该面料还没有上市，那么可以用该面料的图片代替。这些面料以收集来的面料流行趋势为基础，可以是一组面料或者多组面料，也可以是以主要面料和辅助面料的形式排列。在选择过程中，要充分考虑到各种不同手感、组织风格的合理、有效搭配和组合。另外，对面料的价格问题也要格外注意，面料的价格直接影响到成本和销售。

主题款式是指在主题概念下的款式设计，款式要符合主题色彩、主题面料感觉，如果该系列有关键词，款式同样也要符合关键词的界定。在设计时，基本外型必须考虑大的时尚印象，也就是分析巴黎、米兰等时装发布会上的作品，将这种印象和自己的作品联系起来，即考虑采用何种廓型，采用直线型还是流线型，是紧身式还是宽松式等。

设计师在掌握服装的整体造型的基础上，也要考虑到细节的处理方式。对于大多数品牌来说，细节和部件的设计是区别于其他品牌的秘诀所在。这些细节主要包括领、袖、口袋、门襟以及褶皱和省道等。细节设计也要服从整体的风格，如纽扣如何排列、褶皱的多少、省道的位置、装饰和图案如何处理等，要符合整体风格的安排。

3. 将故事板的内容以款式图的形式具象化

有了故事板的直观表达，设计师很容易理清自己的思路，对设计主题的外延和内涵有更清晰的界定。设计师可以在故事板的基础上进行款式图的绘制。款式图需要遵循一定的比例和绘画方法，清晰地表达结构线。最后的款式图是服装打板师进行打板的依据。

4.绘制效果图

有的公司会要求将款式图绘成效果图，以期将设计理念更直观地表达给相关人士。但是许多公司都省略了这个步骤，因为效果图的绘制费时费力。

第四节　成衣品牌的流行趋势分析

流行信息对于服装产品设计有着指导性的意义。对流行信息的获得、交流、反应和决策速度成为决定产品竞争力的关键因素，而流行信息的转化与应用无疑是制胜的法宝。设计师必须了解成衣品牌流行的规律，并能够对成衣品牌的发展趋势进行预测和方案表达。

一、流行与服装流行

（一）流行与服装流行的概念

流行性是服装固有的社会属性之一。所谓服装的流行性，是指服装的款式、结构、图案、面料、色彩及风格在一个时期内的迅速传播和盛行。

（二）服装流行的特点

1.新颖性

新颖性是流行最为显著的特点，流行的产生基于消费者寻求变化的心理和求"新"的思想表达。人们希望突破传统，期待对新生的肯定。这一点在服装上主要表现为款式、面料、色彩的变化。因此，服装企业要把握住人们"善变"的心理以迎合消费者"求异"的需要。

2. 短时性

"时装"一定不会长期流行，长期流行的一定不是"时装"，一种服装款式如果为众人接受，便否定了服装原有的新颖性特点，这样，人们便会开始新的猎奇。如果流行的款式被大多数人放弃，那么该款式时装便进入了衰退期。

3. 普及性

一种服装款式只有为大多数目标顾客接受了，才能成为真正的流行。追随、模仿是流行的两个行为特点。只有少数人采用，是无论如何也掀不起流行趋势的。

4. 周期性

一般来说，一种服装款式从流行到消失，过去若干年后还会以新的面目出现，可见，服装流行具有周期性特点。这个周期的长短及规律一直是服装行业学者们探求的问题。

二、流行趋势研究

（一）服装流行的"极点反弹效应"

一种服装款式的发展，一般是宽胖之极必向窄瘦变化，长大之极必向短小变化，明亮之极必向灰暗变化，鲜艳之极必向素雅变化。所以，"极点反弹"成为服装流行发展的一个基本规律。大必小、长必短、开必合、方必圆、尖必钝、俏必愚、丽必丑 —— 极左必极右，越极越反。

（二）服装流行的基本法则

美国学者 E. 斯通和 J. 萨姆勒斯认为：

第一，流行时装的产生取决于消费者对新款式的接受或拒绝。这个观点与众不同。二人认为，时装不是由设计师、生产商、销售商创造的，而是由"上帝" —— 顾客创造的。服装设计师们每个季节都推出几百种新款式，但成功流行的不足 10%。

第二，流行时装不是由价格决定的。服装的标价并不能代表其是否流行，但一旦一种高级时装出现在店头、街头并为人所欢迎，那么大量的仿制品就会以低廉的价格为流行推波助澜。

第三，流行服装的本质是演变的，但很少有真正的创新。一般来说，款式的变化是渐进式的。顾客购买服装只是为了补充或更新现有的衣服，如果新款式与现行款式太离谱，顾客就会拒绝购买。因此，服装设计师更应关注目前流行款式，并以此为基础来创新设计。

第四，任何促销方式都不能改变流行趋势。许多生产者和经销者试图改变现行趋势而推行自己的流行观念，但几乎没有一次是成功的，即使是想延长一下流行时间也是白费气力。因此，服装商一般是该出手时就出手，该"甩货"时就"甩货"。

第五，任何流行服装最终都会过时，推陈出新是时装的规律。服装若失去原有的魅力，便失去其存在意义。

（三）服装流行周期

流行周期的基本形态可以用钟形曲线来描绘。某种时尚从出现至到达顶峰的时间，从顶峰到完全消退的时间，以及整个流行周期的时间长度都不一样。所有时尚的变化都具有周期性。服装流行周期这一概念是指一种款式在公众接受方面从出现到大范围流行再到衰退的过程，"周期"暗示着循环。

有些专家把流行周期比作波浪，先是逐渐升起，然后达到顶点，最后慢慢消退。像波浪的运动一样，时尚的运动总是向前，不会向后，如同波澜不定的浪花，流行周期的波动也没有一个固定的可度量的顺序。有的很短时间就达到了高峰，有的则时间很长。从上升到衰退，整个波动周期的时间或长或短，还是像波浪一样，不同流行周期之间是相互交叠的。

一般的流行周期主要有以下几个过程：

1. 流行孕育期

流行孕育期和许多相关时尚相连接，如电影业、时尚传媒、网络流行、文化娱乐等。这个时期的流行元素已经开始合成，在一些特定的场合出现，但是还没有被服装设计者发觉，还没有被市场化。

2. 流行产生期

流行产生期就是准流行元素已经被服装业界的专业人士发觉，开始计划推出这种流行的元素，而且在市场上可以零星地找到这类产品。

3. 流行成长期

流行成长期就是在流行产生后，首先被业界的同行们以及时尚前卫的消费者所接受，然后大规模的相同款式开始上市，逐步地推动流行走向高峰。

4. 流行高峰期

流行高峰期一般是指市场上该款式的产品已经脱销，造成供不应求的局面，表现为街头穿该款式服装的人越来越多。

5. 流行衰退期

流行的高峰过后，衰退就紧随其后，可能在这个过程中，还会有小的波动，但是不可能长时间地持续下去，不久就会被另一种流行所取代。

对流行趋势的掌握主要就是对服装款式和面料、色彩、主题的预测、控制。准确地发现一种流行，最快捷地跟上流行的脚步，与流行同步，最快地把流行的元素组合成产品，满足即将到来的流行需求。

三、服装流行趋势预测

所谓服装流行趋势预测，是向人们预测下一季度服装即将流行的主题、色彩、面料、花纹、外型、样式、类别、搭配及着装方式等具体内容的一个提案。

流行预测在服装领域是一项专业性很强的业务。流行预测的目的是带动未来服装趋势的走向把握与应用流行信息，对左右未来服装市场具有关键性作用。

（一）流行趋势预测的意义

流行预测在于解答两个主要问题：在不久的将来会发生什么变化，目前所发生的事件当中有哪些足以对未来造成深远影响。

当今的世界是信息的世界。信息传播的方法和途径越来越科学、先进、快捷，信息的透明度也越来越高，随之而来的竞争也就越来越激烈。服装流行趋势预测及其发布，作为一种与纺织和服装工业息息相关的前瞻性信息研究和传播，能够为纺织服装业和消费者提供比较可靠的未来时尚设计的方案。

服装流行趋势预测的意义，概括起来说，主要是引导服装审美、引导服装生产、引导服装消费。

具体说来，大致可从三个方面来认识：

第一，从宏观上来看，对服装流行趋势进行预测，便于每个有关的单位乃至整个社会自觉地把握流行趋势和走向，从而主动地协调、控制未来的发展过程，准确及时地编制各个有关领域的发展计划和重要产品的设计方案及构思，从而为整个社会的服装生产与消费提供不断发展的活力。

第二，从微观上来看，通过服装流行趋势预测成果的传播和教育，可以引导人们在穿着方面彰显现代文化的内涵，显示人们对于服饰作为一种艺术的理解和追求，并通过潜移默化的引导提高人们的审美情趣和消费品位，逐步提高人们审美能力的时代性和科学性，从而比较自觉、理性地用服装作为装饰手段，来塑造自己、美化自己。

第三，从服装设计、生产、经营者的角度来看，服装流行趋势预测的成果，可以作为服装设计、生产决策和市场销售的重要依据，促进有关人员从某一时期服装发展特点的变迁来把握市场的发展脉搏，及时调整设计思路、生产投向和经营策略，提前生产出符合下一流行周期的面料及服装，从而增强时尚性服装产品的市场吸引力和竞争力，不断满足消费者对于时尚的追求，进而确保企业声誉的提升和经济效益的提高。

从某种意义上说，无论是生产企业、商业流通领域还是消费者群体，关心流行趋势、研究流行趋势、利用流行趋势预测的有关信息，都有着相当重要的现实意义。

（二）流行趋势预测的内容及方案设计

成衣流行预测的内容包括对流行的主题、色彩、面料、花纹、外型、样式、类别、搭配及着装方式等的预测，其中对流行色的预测与发布尤为突出。

目前，现代成衣的一个明显趋势是其更新周期越来越短，衣着流行化成为消费社会的一个重要特征。因此，各发达国家都非常重视对服装流行及其预测预报的研究，并定期发布服装流行趋势以指导生产和消费。一般由权威机构进行流行趋势预测，主要是世界上几家知名的流行预测发布机构定期公开发布各自的流行趋势预测，为企业和设计师提供下一周期的流行参考。世界主要的流行预测组织机构有国际流行色协会、《国际色彩权威》杂志、国际纤维协会、国际羊毛局、国际棉业协会等。

1.服装流行预测的内容

服装产业主要的流行预测活动是每年两次。每周期流行预测是从方案公布算起 18 个月以后上市服装的色彩、面料、款式设计。

服装流行趋势方案应提供如下主要内容：

① 提供最新的流行色彩预测及应用方法；

② 指明及设计最新流行的时装款式及最恰当的穿戴方式；

③ 解释流行时尚的内幕，刺激流行创意的滋长；

④ 为未来议题提供各种信息；

⑤ 提供过去议题作为参考资料；

⑥ 引经据典地说明各种流行趋势。

2.服装流行趋势方案的表达形式

（1）背景描述

一种流行现象从兴起到衰落，都有相关的社会背景。高级时装一直引领着世界流行趋势预测的动向，体现着深厚的社会因素。

（2）主题陈述

进行流行预测，通常要确定一系列主题。确定主题的目的是启发和引导设计师为不同规格、档次的目标消费市场进行设计，流行必须要有主题，没有主题，设计时就不会有清晰的目的与目标，服装就不会有鲜明的个性与特色。每季的流行主题在大的主题领导下，通常会针对几种生活方式进行主题陈述，销售理念是陈述的依据，主题陈述往往依据服装款式、色彩、面料等特征来描述。我国成衣工业以具有想象力与实用价值的服装来满足消费，其主题是以构想超前、定位准确、独特的设计理念、切合需求、深入消费者心中、奠定未来引领地位为准则。因此，主题陈述应注重如下几点：

①选择流行趋势主题的重要性。在选择主题的过程中，要始终关注人们颇为关心的话题，要紧密结合当前与未来服装设计领域发展的潮流，以及各相关领域相互渗透、相互联系的关系。

②流行趋势主题应具有创新性。时尚流行周期不断轮回，但每一周期中都有超前的创新点。预测人员应注重流行方案的创新性，充分发挥想象力，使主题给人以全新、超前的感受。在现代服装设计领域，人类智慧的升华是优秀流行主题产生的开端，一些传统的主题已经无法跟上时尚演变的研究进程，也不适应设计、技术与经济相互结合的交叉学科的特点。

③流行趋势主题应具有实用性。具有实用意义的流行趋势主题是审定选题的重要因素之一。主题是否实用，是否贴合实际，直接关系到流行趋势方案的

价值。一套优秀的流行趋势方案能引导社会时尚，指导未来的服装设计实践。

（3）色彩预测

目前国际流行色委员会每年召开两次例会以预测来年春夏和秋冬的流行色趋向，并通过流行色卡、摩登杂志和纺织样品等媒介进行宣传。

我国的流行色由中国流行色协会制定，他们通过观察国内外流行色的发展状况，收集大量的市场资料，然后对资料进行分析和筛选，在色彩定制中还加入了社会、文化、经济等因素，因此国内的流行色比国际流行色更理性一些。

（4）面料图案

面料图案通常是由著名的纺织面料博览会及研究机构发布的，如一年一度的德国杜塞夫国际面料展等。主要注重于面料的颜色、肌理组织、原料成分，以及由不同原料和整理工艺造成的不同的色质感。在形式上常采用一个主题、一段文字、一幅图画、一套实物样本的做法。文字是对主题的联想式阐发；图画是围绕文字阐发由各种织物按色彩流行拼合的照片或色块组合；实物样本是对图画具体、形象的说明。

依据不同场合，指明面料应用的范围、服用性能。流行服饰的个性风格，可以从面料的质地、织法、肌理、图案等元素中体现出来。设计师或时尚的缔造者，需要从材质的各个方面进行考虑与运用，如流行纤维、流行织法与质地、流行肌理、流行图案等。

（5）造型款式

在流行趋势方案中，原则上造型款式是原创设计。按照主题由设计理念滋生出新颖造型，它将指导生产商在原创的基础上推出不同的款式，一套方案中，需提供几种类型的服装造型系列，为的是迎合不同消费群体的需求。服装造型款式的流行变化比服装色彩的变化要慢。

（6）服饰搭配

服装配饰设计首先要与流行服装配套，在颜色、外型、肌理等方面突出服装的最新流行趋势，考虑融入大众，引导潮流。配饰涉及如下种类：鞋袜、手袋、腰饰、手套、眼镜等，每一次流行不是样样俱全，而是侧重其中的几个种类。

3.服装流行预测方案的设计方法

（1）流行信息收集

设计、制作流行趋势预测方案，应有充足的资料基础和信息源。当主题选定后，首先应考虑到的是，收集与主题相关的材料和信息；然后打开思路，探索新的未知领域，把相关联的资料中的感受、体验与联想，按照自己的思考方式整理模块化；最后把不完整的观点、零散的想法系统化，使之成为整体思路，并且抒情达意，以图文并茂的形式完美地表达所构想的主题，使得虚拟的设想变为现实。

服装流行预测方案设计要采用多种方法收集信息。例如市场调研法、街头摄影捕捉法、文摘图片收集法、网络资料收集法、面料收集分类法等。可将其总结为以下三大类：

① 图片资料信息收集法。利用图书馆、资料室、多媒体、网络等资讯源，围绕着主题内容对有关国内外、古往今来的信息进行广泛而全面的收集整理，认真分析、比较、分类。这种分析、比较、分类的方法，就是研究流行方案的开端。分析比较的方法是在了解已经流行的趋势基础上进行的升华、再创新意。

② 街头市场信息收集法。文字、图片或图像信息毕竟是平面的，直观性和真实性较差，而从流行市场得到的流行信息则能比较真实地反映当地的消费倾向。服装流行是衣着的学问，有人群的地方就能提供观察学习衣装变化的场所。特别是商业繁华的街头，为流行预测提供了研究场地。这种力量的出现打乱了高级时装引领流行的天下，有的放矢地去街头收集相关的信息资料，因势利导，引发灵感。

③ 了解和掌握服装设计领域的发展动态。要设计、制作出优秀的流行趋势预测方案，应了解服装设计领域的发展动态，了解前一周期流行趋势的特征，并在前一周期的基础上探索新的动态，做到心中有数。以英国出版的 *International Color Authority* 国际流行色权威机构为例，每年提前 21 个月预测国际流行色，是时装界公认的色彩指南。日本出版的《流行色预测》通常在对欧洲、美国和其他地区的时装色彩分析的基础上，对下一年度国际女装和男装流行趋势进行预测，分别用纤维、纱线和纯棉织物对色彩进行直观的反映。在我国，由中国流行色协会与国际色彩权威美国潘通公司联合出版的《流行色展望》，是中文版的色彩预测刊物，提前 18 个月进行预测，其中有男装、女装、运动装流行色。法国出版的《高级时装设计手稿》、意大利出版的《趋势预测与市场分析》等均为优秀的范例。

（2）流行信息整理与表达

流行信息整理是将收集的信息归纳为直接利用信息、间接利用信息和不可利用信息三类。

①直接利用信息指与设计定位风格接近，可以直接参考和借鉴的流行信息。

② 间接利用信息指与设计定位风格无直接关系，差别较大，但可以触类旁通，具有一定参考价值的流行信息。

③ 不可利用信息指不具备权威性和准确性的信息，或与自己的设计定位毫无关系的信息。

服装流行趋势设计手稿是专业人员将采集后的流行趋势，根据不同的市场细分化，并用最简单明了的图片形式表达给读者的一种最直接、最实用的流行趋势报告。它不仅包括了最新的流行信息和流行趋势，并通过有才华的专业设计师把流行趋势和商业化的服装相结合，这就给服装企业提供了最直接、最清晰、最实用的流行指导。好的服装流行趋势设计手稿，犹如一位好的设计师，可以为企业带来很多有价值的参考信息，为企业带来更加丰厚的利润，促使企业成为流行的弄潮儿，在服装行业中长久发展。

第五节 成衣品牌的产品设计

对于服装而言，产品的设计由色彩、面料、款式、细节等方面的设计元素组成，这里说的设计元素是指构成产品整体风格的最基本的单位。在服装产品中，设计师的设计必须在基于品牌风格的前提下，在清晰的范围界定中提取相关的元素进行创意开发和产品设计。

一、产品设计的方法

（一）从艺术设计出发的设计法

艺术设计的本质是人类有目的性的审美活动。人类在进行艺术活动时有明显的目的性和预见性，是为达到某一明确目的性和预见性的自觉的行为。设计过程是人们为满足一定需要，精心寻找和选择理想方案的活动。由于设计表现为某种文化创造活动形态，而这是特定的文化背景和进行设计活动的具有相关专业文化素质的人决定的，因此艺术设计是一种智能文化创造形态。形式美的法则是人类在创造美的形式、美的过程中对美的形式规律的经验总结和抽象概括。

服装品牌产品是否能够打动消费者，取决于服装上各个要素之间的组成关系是否协调，是否能够带给消费者美的感受。通过各种艺术设计形式美法则如比例、平衡、重复、强调或者调和等方法，将服装上的组成元素完美地组合，灵活地将服装的特点展现在消费者面前。

（二）从服装造型出发的设计法

造型是指用一定的物质材料按照审美的要求塑造可视的平面或立体的形象。服装设计中的造型元素指的是服装的造型属性，如廓型中的 X 型、H 型等，它构成服装的外部轮廓，可以承载依附其上的其他设计元素。可以说，服装的基本款式是由造型元素决定的，因此，造型的选择往往是服装设计的第一步。

造型主要分为点、线、面、体四大要素。服装产品的设计中，通过对这几大要素的组合，在视觉上给人以统一协调的感受，将造型的塑造看作品牌产品设计的重要线索，贯穿于整体系列之中，增强品牌的识别性和特征性。

（三）从服装色彩出发的设计法

视觉是人类最重要的感觉器官能力，人类约有 83% 的外界信息都是依赖视觉获得的。对视觉这一概念的完整理解是：由视觉器官通过对光的感觉获得的对客观物体的映像，进而形成心理感受。也就是说，视觉是由眼睛、物象、环境条件和心理感受四个部分组成的。

研究发现，人的一系列视觉感知中，对色彩的敏感度最高，人们往往通过一些颜色产生对相关事物的联想，或者引起相关联的情感联想。所以在服装产品的设计中，色彩的变化起到了至关重要的作用，它往往是区分品牌的核心特征之一，有时候设计师也会将色彩作为区分系列服装的分隔符号，甚至有的品牌根据目标消费者的喜好，将色彩作为这一季产品的卖点，运用在营销策略中。

由于消费者自身的性别、年龄、文化背景或生活经历不同，在面对不同色彩的服装时产生的喜好反应也不同。产品设计必须选择合适的色彩，将每个色系的主次地位和其使用的比例大小进行合理分配，使消费者了解产品的基本色调。

（四）从服装材料出发的设计法

服装材料指的是服装面料的成分、织造、外观、手感、质地等物理属性，是构成服装样式的物质基础。不同的面料有不同的材质属性和视觉效果，如顺滑的真丝面料、硬挺的加厚涂层面料等。面料本身已经具有一定的风格特征，如粗糙的呢子面料给人一种粗犷的感受，光滑的绸缎面料会给人一种高贵的精致感。粗放、顺滑、硬挺、柔顺等不同的面料特征都可以烘托出品牌产品的不同设计风格，甚至改变原有设计的风格，这也是非常值得关注的一个设计出发点。

除了面料以外，辅料的应用也是非常广泛的，特别是在品牌服装设计中，品牌的商标等视觉化元素通常是通过辅料的运用体现出来的。同样，简洁的常规款式中，小小的纽扣也许会成为品牌宣传和产品设计的一个重要出发点，运用出色的辅料会成为产品设计中的点睛之笔。

（五）从服装结构出发的设计法

服装的结构设计是指服装结构的属性、方法、规格、处理等属性设计，是将设计稿转化为实物的桥梁。结构设计通常在高端品牌中有很好的体现，可以看到市面上有很多模仿博柏利（Burberry）经典风衣的款式，但是穿着效果与真正的博柏利风衣有很大的差距，即使效仿的厂商运用相同的面辅料也很难做出博柏利品牌风衣的效果，这很大程度上依附于该品牌风衣的结构设计。结构元素属于比较稳定的元素，一般变化比较细微。国际上一些高端品牌在每季的服装产品中除了在款式设计上会有所变化，结构设计也会相应地变化，并且将结构设计元素作为品牌产品设计的一个重要出发点。

（六）从服装工艺出发的设计法

工艺元素指的是服装的加工属性，是制作服装的必要手段，如缝纫的方法、熨烫方法、锁扣眼方法等。通常情况下，工艺元素属于设计元素中相对比较稳定的元素，在产品设计中会制定一种工艺的方法，其他产品或者后期的产品生产很大程度上会参照原有的工艺手法和加工流程来进行生产。但是现在也有不少企业将服装工艺作为设计的出发点，将服装的工艺制作作为品牌服装的卖点。

二、产品设计的内容

服装品牌产品设计的内容包括前期的信息收集和产品企划、设计方案的提出、设计画稿的绘制、样板的绘制、样衣的制作和最终款式的确定等几个重要的环节。

（一）收集信息

产品信息的收集指的是对设计所需要的外界信息的获取，其目的是为产品企划提供依据。市场信息是现代商业取胜的情报，包括流行资讯、市场信息、面料采集和行业动态等。收集来的信息至关重要，它必须是准确全面的信息。

（二）产品企划

产品企划的工作主要是以文字、图表和企划书的形式表达下一周期的产品概貌，包括系列的定位和主题、款式的设计要求和数量、生产数量和配比、销售目标、完成日期等，目的是为设计方案的制定和提出参照要求和目标。

（三）设计方案

设计方案的工作内容是指根据产品企划，细化下一销售季节产品设计的各项内容，包括产品框架、设计主题、系列划分、色彩感觉、造型类别、面料种类、图案类型等设计元素的集合情况，并制定新的产品设计规则。设计方案的提出为设计具体的款式提供了更为明确的方向。

（四）设计画稿

设计画稿是产品设计方案制定的一个重要内容，这一部分的工作内容主要是按照设计方案的要求确定具体的服装样式，并用图形的方式准确地表现出来，包括款式、面料、色彩、图案、装饰等，要求做到样板环节时能够清晰地表达设计意图。

（五）样板绘制

样板绘制这部分的工作内容主要是根据设计画稿，以平面或者立体的方式表现服装的结构，是将纸面设计实物化的关键，包括结构图、立裁坯样、产品规格、工艺说明等，要求能够按图索骥地完成样衣的制作。

（六）样衣制作

样衣制作的工作内容是参照样板的要求制作实物样品，是对设计结果最直观的检验，要求达到较高的尺寸规格要求和质量标准。由于样衣往往是由样衣工完成的单件制作，而成衣是由车衣工、熨烫工等多工种在生产流水线上合作完成的，因此，样衣和成衣存在一定差距。

（七）款式确认

这部分内容是同负责产品开发的主要人员就产品开发过程中可能或已经出现的问题进行协调解决，每一个环节在进入下一个环节之前必须先行确认。经确认通过的内容可以进入下一环节，没有经过确认的环节必须返回上一环节进行修改，直至修改结果被肯定。

三、产品设计开发的流程

（一）服装设计开发流程的含义

服装设计开发流程是指发生在服装企业内，围绕新产品开发而展开的一系列活动及其相互关系。这一过程是从各种信息资源和顾客需求收集录入开始，经过产品设计构思、产品样品试制、取得市场信息反馈、最终确定产品定型，其中包括穿插在整个过程中间的沟通、调整与决策环节。可以毫不夸张地说，品牌服装的新产品开发是一个系统工程，特别是大型品牌的产品开发，涉及企业内的企划部、采购部、技术部、设计部等多个部门，必须顾及工作进度和工作板块方方面面间的衔接，才能保证整个产品开发工作步调一致。

服装设计开发是品牌服装企业的核心工作，也是品牌市场竞争的战略要地。一方面，对于企业而言，随着市场经济的发展，服装需求的不稳定（如天气、传媒、社会等多种因素都会对需求产生影响）和服装产品生命周期的缩短（有的产品的生命周期甚至只有短短几周时间），使"多品种、多批次、小批量、低成本"成为服装行业制定产品策略的发展趋势。另一方面，消费者对服装的要求也越来越高，不仅要求开发的服装具有良好的穿用性能，而且要求品种不断地快速翻新，降低产品价位。

在这样的发展趋势下，服装设计开发流程的合理化成为影响品牌服装开发成败的重要因素。成熟可靠的服装设计开发流程可以大大提高品牌服装企业的市场竞争力，大幅降低产品成本，有效缩短新产品面市的时间，从而在竞争中占有优势。

（二）服装设计开发的一般流程

虽然服装企业在所有制类型、企业规模、品牌定位和产品特点等方面的具体情况千差万别，但是在服装新产品设计开发活动中所遵循的基本规律应该是一致的，有所不同的是产品类别、系列组合、设计数量、上柜日期等。根据企业实际运作中涉及的价值流、信息流、物品流"三流"要素，新产品设计开发的基本流程如图 7-1 所示。

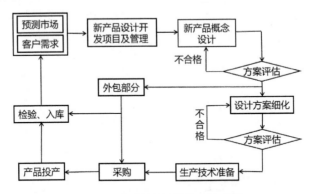

图 7-1　产品设计开发的一般流程

以上是面向所有产品开发的一般流程。根据服装设计的行业特点，英国学者盖尔·泰勒根据自己的理解，将图 7-1 所示的产品设计的一般流程转化为图 7-2 所示的较为详细的服装产品的设计流程。

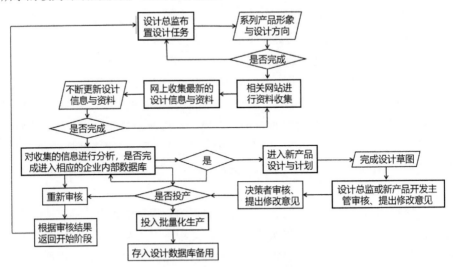

图 7-2　服装产品设计开发流程

从这个流程中可以看出，"三流"要素中的信息流得到了强调，体现出服装设计过程对信息的依赖程度；融入品牌理念的实际设计操作环节在价值流里面得到体现；由于是针对产品设计的流程，包括采购、生产、仓储的物品流被简化了。值得注意的是，在各个阶段分别经过分级审核和提出修改意见，强调了审核的分量。这个流程是面对一般的服装产品设计，不同企业应该根据自身特点进行微调、简化或者加强某些环节，使之更加符合企业自身的实际情况。

第六节 成衣品牌的推广

成衣品牌推广是一项系统工程，首先要对品牌的自身条件做深入分析，主要包括资金投入、招商方式和专业维护等几个方面，然后以此为基础来开展相应的品牌推广活动，提高市场知名度。

一、品牌自身条件分析

（一）资金投入

服装企业的资金投入，决定着宣传推广的力度和渠道。虽然一个好的推广策划方案有可能帮助其调整预期的资金配比，但这种可能性相对较小，因为企业每年的资金预算是有限的，宣传推广费用与企业整体运营费用之间有着相对固定的合理比值。一般国内企业在创立品牌之初，不会盲目投入大量资金在宣传推广上。通常，前期宣传大多不做高成本媒体运作的"铺量"，而是通过展销会、报纸、杂志、公益活动等向目标消费群进行多方面、深层次的纵向渗透，以求得一定的品牌推广效应。

（二）招商方式

服装旗舰店展示、展销会、媒体宣传是目前获得市场认可并且效果比较理想的三种招商方式，合作方式一般有特许加盟、特许经营、连锁销售等形式，其合作细则包含销售限额、加盟费、退换货率等，可根据不同品牌而定。

下面以"荣颜"品牌为例作简要说明。

1.品牌介绍

"荣颜"服饰由江苏省荣颜服装有限公司开发、设计及生产。荣颜公司是一家以专业生产、经营针织女装为主的服装企业，主要产品有中高档时装、礼服等。

公司拥有自主品牌"荣颜"，有自主专业品牌管理中心，下设品牌企划部、产品设计研发部、营销团队。公司坚持"品质至上，信誉为本"，已通过ISO 9001质量管理体系及ISO 14001环境管理体系认证。公司始终遵循"加强过程控制，提高管理效益，坚持持续改进，增强顾客满意"的质量方针，团结奋进，不断迎接新的挑战，在日趋激烈的市场竞争中博得一席之地。

品牌宗旨：推广"生态健康时装"。

品牌策略：鲜明的主题，快速的市场反应，新款服装上市快，满足消费者对名牌的渴望心理，即想要的（wants），而非需要的（needs）。

品牌风格：纯天然的环保面料，兼备舒适和质感。简洁而流畅的裁剪，美观之外凸显功能性，活泼而不失雅致，体现快乐、健康、自然的着装理念。

目标客户：25 ～ 35 岁。

目标市场：国内一、二线城市以及中国经济百强县。

价格策略：高档定位，中低档价格。

2.品牌发展规划

（1）品牌的宣传策略

以品牌形象建设为核心，以专卖店特许加盟为主要扩张形式，坚持合作联盟、系统开发和资源共享的原则，建立一个合作紧密、运作高效的全国性服饰运营网络。以特色文化提升企业形象，以特色服务提高品牌凝聚力，以特色营销带动经济效益增长。

（2）发展单店加盟、城市代理及合作方式等模式

单店加盟说明：

①凡加盟荣颜品牌服饰的客户，均应提供开店城市商圈位置图、店铺平面图及签约人身份证影印件。

②A 级店或 B 级店签约时，订货金额必须达到相应要求的最低额度，即 A 级店为 30 万或 B 级店为 20 万元，其中春夏款进货额为 40%：A 级店为 12 万元或 B 级店为 8 万元；秋冬款进货额为 60%：A 级店为 18 万元或 B 级店为 12 万元。并按净进货额的 10% 交纳订金，否则不能按本级别店（A 级店或 B 级店）的折扣订货。

③春夏销售为每年的 2 ～ 7 月，秋冬销售为当年 8 月至次年 1 月。从签约

时间起计算月份，收取订金为净进货额的10%。未交订金者和未订货者及订货额未达标者，均不得享受本级别供货折扣和买断折扣。

④ 当年度完成上一级别的净进货额指标，下一年度可申请上一级别的折扣和返利优惠政策。

代理经销说明：

① 一级地区代理不含省城，四级区域县市指县级市。

② 三、四级区域代理商不具备招商条件和品牌托管权，不得在本代理区招募加盟和发展客户，以独家代理开设自营店为主。

③ 各级别代理商完成上一个级别的年度进货额时，第二年度可申请按上一个级别的折扣条件执行。

④ 合同押金一年后完成进货额予以退还。

⑤ 换货期限从发货时起计算。

合作方式说明：

位置绝佳的商业旺铺，面积50平方米以上，其合作方式是：您投资，我［总部］经营，利益均沾，押金10万元。

3. 加盟优势

① 实力强大的实体工厂，集产品开发、设计、生产、加工、销售为一体；

② 独特的原料和概念优势（绿色环保）；

③ 超强的设计阵容，高效的生产能力，能为您的区域设计适销的款式；

④ 首批加盟者免收加盟费；

⑤ 提供区域市场的保护措施，确保客源的稳定；

⑥ 合法使用公司的品牌及企业 VI 和 SI 系统；

⑦ 免费获得总部提供的宣传画、海报、吊旗等宣传品；

⑧ 完成不同的销售目标任务后可获得总部的等级返利；

⑨ 同等条件下，业绩突出的加盟商可优先晋升更高一级的总代理；

⑩ 提供高额的利润空间，提供全方位的促销支持；

⑪ 提供先进的经营管理经验、系统的从业指导与培训；

⑫ 提供全面系统的支持，如应用配置、各种培训、促销物品、经营方案、相关咨询；

⑬ 全国范围内的广告投放支持、统一配发赠品的支持、店面POP宣传支持；

⑭ 专人跟踪，一对一的沟通，贴身快捷的配送服务；

⑮ 各种风险与共的加盟方式，轻松自如的经营模式，如零风险加盟、合作经营、代理等。

4.加盟条件

单店加盟商的条件：

① 具有合法的营业执照、税务登记证；

② 熟悉品牌经营运作，理解并接受荣颜品牌经营管理模式；

③ 有渴望成功的热情，有勇于开拓创新、吃苦耐劳的精神；

④ 具有良好的商业信誉、投资和风险意识，以及广阔的人脉关系；

⑤ 具备一定的资金实力（专卖店预计前期投资 2 万元以上），单店的加盟费为 0.5 万元，品牌保证金为 1 万元至 3 万元不等（保证金在合同终止后根据履约情况不计利息退还）；

⑥ 如一个加盟商需要开设几个加盟店，需要另外交纳加盟费和保证金。

城市独家代理商的条件：

① 符合上述单店加盟商的前五条要求；

② 具备区域市场规划和开发能力，当年完成基本开店数量并具备一定的资金实力；

③ 具有扶持加盟店成长的意识和能力；

④ 正确传达总部各项方针政策，执行总部计划和安排；

⑤ 有固定的、形象比较好的办公场所；

⑥ 各级城市总代理的保证金按标准执行（保证金在合同终止后根据履约情况不计利息退还）。

特别说明：单店加盟商是指在没有城市独家代理商的条件之下实行的招商政策。

5.加盟流程

① 加盟咨询（网站或电话）；

② 资格申请（填写加盟申请表）；

③ 实地考察（总部初步评估筛选，并与申请者进一步沟通）；

④ 店址选定；

⑤ 合同确定（制订经营计划，交纳相关费用）；

⑥ 强化培训（产品陈列和导购技巧等）；

⑦ 开业准备（店面设计，安排装修，招聘员工，培训员工，购置设备，办

理手续，装修审核）；

⑧ 开始营业（开业策划，促销方案，配货方案）；

⑨ 后期跟进服务（退货，换货，各种促销）。

6. 选址原则及装修原则

（1）周边环境条件

① 商业气氛浓厚、客流量大、人气旺的高档综合商场及附近；

② 知名度及客流量较佳的商业街（客流量须满足目标顾客群特征）；

③ 知名度高的店铺附近（如麦当劳、肯德基附近）；

④ 大规模高档住宅区附近；

⑤ 同类产品云集的商业中心。

（2）专卖店条件

① 坐落于商业区、交通要道或枢纽；

② 具备到达便利性，到店交通要道使用年限，车道数量及红绿灯数量，到店路段拥挤程度及店门口停车能力；

③ 商店可见度强，标志、招牌、店面没有阻碍物遮挡视线，以方型最佳；

④ 租金适度，店面位置的新旧程度和条件良好，租期不少于一年，近期无城建规划；

⑤ 店面面积 30 平方米以上，门面 3 米以上，橱窗面向街道；

⑥ 装修原则：总公司负责店面设计，并指定专业装修公司施工，经销商承担加盟店的装修成本费用。

（三）专业系统的品牌维护

在服装品牌的维护系统中，对品牌形象展示的延续性、有效性、执行度的把握十分重要。很多国内服装企业将这一系统纳入市场部或设计部，无论何种行政职能划分，都需要组建一支专业的品牌管理团队跟踪市场信息，进行相应的品牌推广。

二、品牌推广建议

服装品牌推广一般是选择纵深性强的媒体进行有针对性的资金投入，通过一系列线上和线下的品牌推广活动，强化品牌核心价值，从而控制成本、提高传播有效性，以及加强对传播效果的把控。

品牌的市场发展通常要经过三个月较大媒体投放量的引导期、六个月左右一般媒体投放增加公关活动的成长期、后续的补充期三个阶段。国内一些中小规模企业出于自身的客观原因，有时会跳出上面的常规框架，配合特色活动进行阶段性的品牌推广活动，如采取主办或承办、冠名服装赛事、媒体投放等方式。

（一）主办、承办、冠名服装赛事

主办、承办、冠名服装赛事是目前高性价比的推广手段，在有限的资金投入下，不仅可以在短期内高效提升品牌知名度，直接获得大量设计方案的版权，而且还可从中选拔优秀的设计人才。这种品牌推广可以通过类似于各种综合性国际服装节设计比赛的方法；或者作为支持品牌提供设计主题，主要受众为参赛者；或者将品牌活动直接作为服装节中的独立项目举行，主要受众不但有参赛者，同时还有业内同行，甚至主办方。此外，如果取得展示平台资源的使用权，还可另行策划相关活动，主要受众为关注活动的其他有关人士。由于不同的活动主题针对的受众不同，故所需的经费和最终达到的效果自然有很大的区别。

（二）媒体投放

作为被大众普遍认可的信息载体，电视、网络、报刊、户外广告牌等具有信息传播高速、广泛、有效的三维优势。媒体信息现在主要有广告信息和软新闻两大类。在品牌发展初期，可暂时避开如电视这样的"大"媒体，从小众媒体入手，这样既可以降低成本，又可以进行有效的广告效果评估。在此基础上，针对不同品牌执行不同媒体的信息投放计划。媒体有不同分类方式，按技术分为常规媒体和新兴媒体，按受众分为大众媒体和分众媒体。无论哪种媒体分类，在选择时，都要从目标消费群的行为轨迹中寻找自然、有效的媒介接触作为切入点。一般来说，服装杂志具有分众性高、覆盖面广、投放成本低的优势，与大多数品牌推广前期需要寻找的媒体特征基本吻合。因此，结合杂志媒体策划相关的活动与受众互动，可以达到迅速提升品牌知名度和美誉度等比较理想的效果。

三、品牌促销推广

促销是在品牌创建的基础上围绕产品推广展开的一系列商业活动，可结合不同的品牌发展期和不同活动设定相应的活动策略，以达到展示产品、提升产品销量、强化品牌亲和力的目的。

（一）公关活动

公关活动是品牌推广中不可或缺的环节，是品牌回馈社会的举动，是拉近与大众的心理使距离和使品牌价值得到社会认同的重要手段。公关活动要围绕品牌核心价值开展，以公益性活动为主，制定活动口号，并且通过一些看似与产品宣传不相关的活动，提炼出与品牌核心价值吻合的活动精神。品牌只有在其价值得到受众广泛认可后，才能得到有效推广。

通常，公关活动要围绕社会焦点开展，如借助奥运会、世博会以及绿色环保等有着正面象征意义的事件开展，并与大众媒体的宣传配合进行。

（二）品牌横联

品牌横联一般是在品牌已经建立，并且有一定的知名度与美誉度的情况下，通过与具有相似的设计风格、目标消费群有交叉、对自身品牌的社会价值有所推动的一些品牌进行合作，联手举办推广活动或在一方品牌推广中附带另一方品牌的产品宣传，甚至是联合推出新品牌，如动感地带和百事可乐、索尼和爱立信等，达到 1 加 1 大于 2 的效果。

根据服装产品和品牌定位，大多可在品牌推广相对成熟后，再与平级别或者高级别具有重叠受众的品牌合作。如时尚服装品牌可与香水、汽车等品牌合作，玛丽莲·梦露就曾将香奈儿 5 号香水比作衣服，说明这两者间是有高联想度的，而一些运动休闲风格的童装则可与成人的户外品牌合作，将户外品牌由个体消费拓展到家庭消费，增强童装品牌的专业特色。总之，品牌横联就是通过合作，借助其他相对成熟和稳定的消费群来达到品牌推广的目的。

第八章 案例篇

世界顶级品牌一直都是国际时尚流行的风向标，在其发展历史中，常伴有经典的设计和富有创造性的理念出现，具有非常强大的魅力，是永恒的经典，也是成衣设计师学习的标杆。当然，中国成衣品牌也不乏翘楚。本章特选取部分世界顶级品牌与中国业内翘楚进行举例说明。

第一节 国际篇

一、香奈儿

1913 年，香奈儿在法国巴黎创立，其创办人加布里埃·夏奈尔（Gabrille Chanel）传奇的故事及强烈的个人色彩是最为人津津乐道的。她善于突破传统，早在 20 世纪 40 年代就成功地将"五花大绑"的女装推向简单、舒适，这也许就是最早的现代休闲服。香奈儿的产品种类繁多，永远有着高雅、简洁、精美的风格，每个女人在香奈儿的世界里总能找到合适自己的东西。在欧美上流社会的女性中甚至流传着一句话："当你找不到合适的服装时，就穿香奈儿套装"。

时至今日，香奈儿的产品包括高级定制服装、高级成衣、配饰、包、鞋、化妆美容品、香水、高级珠宝及手表。香奈儿是第一个打破"珠宝迷思"的品牌，提倡将真假珠宝搭配在一起。因为夏奈尔夫人的喜爱，"山茶花"便成为香奈儿饰品中最主要的造型。

香奈儿的产品代表着华丽、现代和时尚。法国前文化部部长曾有如下一段评价："这个世纪，法国将有三个名字永存：戴高乐、毕加索和香奈儿。"

香奈儿服饰的主要特点其实不是高贵，而是优雅、简洁。男装风格特征的融入，低领及男用衬衫配以腰带，这便是早期的香奈儿风格，且沿袭至今。第一次世界大战期间，香奈儿又推出强调利于行走、活动的女装，并将服装上所有矫饰一一卸下，代之以长及臀部的围巾。夏奈尔是第一批将裙摆提高至足踝以上的设计师。

夏奈尔有句名言："时尚来去匆匆，但风格却能永恒。"香奈儿品牌高雅简洁的格调，堪称独树一帜，全然摆脱了19世纪末传统的保守作风，开创了一种极为年轻化、个人化的衣着形式，奠定了20世纪女性时尚穿着的基调。香奈儿时装所强调的廓线流畅、质料舒适、款式实用、优雅娴美，均被奉为时尚女子的基本穿衣哲学（图8-1）。

图8-1 香奈儿成衣

二、纪梵希

纪梵希一直保持着优雅的风格，在时装界几乎成了优雅的代名词。而纪梵希（Givenchy）本人在任何场合都是以一副儒雅的气度和爽洁不俗的外型出现，因而被誉为"时装界的绅士"。时尚、简洁、女性化是纪梵希一贯坚持的风格。它的 4G 设计风格 —— Gentel（古典）、Grace（优雅）、Gaiety（愉悦）、Givenchy（纪梵希）注重剪裁技巧、线条表现和面料的选择，适应各个阶层、年龄的人穿着。一流的优质面料、广泛的色彩主题，使纪梵希品牌成为法国传统的富丽精致风格的代表之一。

1927 年，于贝尔·德·纪梵希（Hubert de Givenchy）生于法国博韦市圣路易斯路 24 号。小时候，纪梵希已经了解到自己对时装的热忱。在 10 岁时，他参观了在巴黎举办的世界博览会，并对一个高级时装展厅充满了好奇。这个展厅里展示了由 30 个模特儿穿着的来自法国最顶尖时装设计师设计的时装。当时，他已下定决心，立志成为一个时装设计师。

25 岁的纪梵希在时装设计大师巴伦夏卡的鼓励下开设了自己的工作室 —— 纪梵希工作室，并与著名影星奥黛丽·赫本共同创造了一个时尚神话，也就是赫本风（图 8-2）。

图 8-2　简约优雅的赫本风服饰

纪梵希的优雅风格包含着简洁、清新、洗练、庄重、淳朴和谐趣。纪梵希之所以成为时尚界的常青树，是因为设计师纪梵希本人永远在与骄奢艳丽、堆金砌银相对抗。

纪梵希的优雅注重的是线条表现，是以高超的剪裁技巧为基础，而非迷失于装饰细节。纪梵希以很强的人体适应性将不同阶层、年龄的女性打扮得漂亮迷人。纪梵希的色彩令人愉快和振奋，常用石榴红、松绿、石绿、电光蓝、鲜紫、奶油黄、辣椒红和鲜粉红等颜色。几种颜色混用也是他的拿手好戏，广泛的色彩主题使纪梵希成为法国传统精致风格的代表之一（图 8-3）。

图 8-3　纪梵希服饰设计

三、迪奥

西方自文艺复兴以来，服装开始追求与人体体型密切相关的造型，服装设计应采用一切可能的手法，如紧身、耸胸、束腰、凸臀，以求最充分地呈现人体美，追求感官刺激。这种理念一直延续、发展到 19 世纪的洛可可和维多利亚时期，虽然矫饰的女装对人体活动有诸多限制，但女性的服饰美和典雅气质在那时达到了顶峰。20 世纪初期，一些时装先驱对紧身胸衣进行改革，创造了新时装形式。到 20 世纪 20 年代，简洁化、男装化的服装潮流逐步发展到极端化地步，服装设计不强调女性特征，典雅风格荡然无存。直到"二战"后，才出现一批刻意恢复女性在穿着上雅致、妖媚的设计大师。克里斯汀·迪奥（Christian Dior）便是其中的领袖人物。

1905 年迪奥出生于法国一个中产阶级家庭，青年时遭遇了家道中落的命运。1937 年他为皮盖（Piquet）设计女装，后被战争阻断。1941 年他担任勒隆（Lelong）品牌的设计师，学到许多专业知识。1946 年迪奥创立自己的品牌，1947 年举行了自己的作品 —— 新风貌（New Look）发布会（图 8-4）。他用胸罩增加服装的曲线，强调丰满的胸和纤细的腰，抛弃曳地长裙而采用 A 字裙，裙长距地面 20 厘米。奢华而贵重的装饰和品种多样的漂亮面料，塑造出了优雅妖娆的女性造型，一扫战争阴霾，给灰色的欧洲带来迷人景象。发布会大获成功，迪奥也一夜成名，其作品震撼巴黎，席卷欧美。战争的记忆太残酷，人们希望忘却战争痛苦的欲望极为强烈，妇女们特别企盼表现自己温存娇柔的一面，梦想有柔软的线条、奢华的面料。迪奥正是抓住了战后市场的脉搏和时代的精神，使自己功成名就。

图 8-4　迪奥新风貌作品

当时一些人对"新风貌"还是持反对态度，因其用料奢侈、价格昂贵，也因其观念的"倒退"，将妇女们带回旧日的"美好时光"，是对时装现代主义革命的"反叛"。其对女性身体美感的体现和对行动的束缚，与主张女性的解放和自由、强调简洁舒适的服装观念截然不同。虽然如此，但迪奥的服装代表了希望和未来，仍赢得了全世界妇女的心。

继"新风貌"之后，迪奥每年都推出新的系列，每次作品发布会都能引领世界服装的潮流。迪奥一直是高级女装时代的领头羊，他改变了当时的时装体制，率先每半年推出一次新系列。他的服装在巴黎展出后，就会由美国的服装厂商大批量地生产出来，并通过各层批发商、零售商很快进入市场。他的设计第一次跨越了国境，跨越了社会阶层，成为国际品牌。

迪奥品牌的革命性还体现在致力于时尚的可理解性，每次推出的时装系列会根据轮廓而赋予其简单明了的主题词，如 A 型、Y 型、H 型、郁金香型等。他创造的这些轮廓线条至今仍影响着设计师的设计观念。迪奥每一个新系列都有新的意味，多数是"新风貌"优美曲线的发展。迪奥偏爱高档面料，如绸缎、传统大衣呢、精纺羊毛、塔夫绸和华丽的刺绣品等，以营造出法国高级女装独有的奢华高贵感。女性化的华贵典雅是迪奥服装风格的永恒追求（图 8-5）。通过对服装装饰艺术性的强调，迪奥将女性高雅性感的气质特征淋漓尽致地表达了出来，并使黑色成为一种流行色。

图8-5 迪奥女装

迪奥男装有一种颓废的气质,模特体型十分纤瘦,配上剪裁大胆的迪奥服装和简单利落的配件,将英伦的低调忧郁与法国的精致高贵完美地融合在了一起(图8-6)。

图8-6 迪奥男装

四、阿玛尼

1934年,乔治·阿玛尼(Giorgio Armani)出生于意大利皮亚琴察。1952—1953年,他学习医药及摄影专业。为了实现家人的愿望,他放弃学习了两年的医学专业,从1954年开始成为拉瑞那斯堪特百货公司的橱窗设计师及打样师。

1960 年起的 10 年间，成为尼诺·切瑞蒂的男装设计师。1970 年之后的 4 年，为自由设计师。20世纪70 年代中期，他与爱人也是生意的合伙人塞尔焦·加莱奥蒂一起开始了男、女装的生产，制造着时尚。

1974 年，当乔治·阿玛尼的第一个男装时装发布会完成之后，人们称他是"夹克衫之王"。这位米兰的大师将传统上衣的硬朗风格完全改变，设计出了新的休闲式上衣，后来成了 20 世纪 80 年代雅皮的制服。

1975 年阿玛尼成立了以自己名字命名的公司。同年，阿玛尼把设计重点从男装转移到女装，并推出女装发布会。当时服装界流行圣洛兰式女装风格，多为修身的窄细线条，而阿玛尼大胆地移植男装的设计元素，把女装的线条拓宽，放松衣裤，将垫肩从外衣放置到内衣，创造出划时代的圆肩造型。阿玛尼将每个细节都谨慎地加以合理改变，使女装不单单拥有男子气，而是在男装潇洒的基础上，仍富有女性感。这个创造使阿玛尼一跃名扬世界。

20 世纪 80 年代初，阿玛尼圆肩造型的女装越来越多地受到欢迎，他设计的服装实用、舒适，给白领女装吹来一股轻松和谐之风（图 8-7）。精美华贵的意大利面料、出色的板型、简约的设计，使阿玛尼的职业装、无结构的运动装、宽松的便装、礼服都自成一体，创造出难以模仿的新女装造型。正是新颖独特的设计风格，使阿玛尼女装迅速风靡 20 世纪 80 年代。由于这种男装女用的思想与香奈儿的精神有着异曲同工之妙，阿玛尼被称为"80 年代的香奈儿"。

图 8-7　阿玛尼的圆肩造型女装

其实，真正能体现阿玛尼时装神韵的并不只是一时的造型线，而是一种风格，一种品位。阿玛尼创造的风格和魅力，始终伴随着这个品牌。他设计的女装没有拘谨造作之感，这种貌似简洁、实为讲究的含蓄品味，让众多有教养、有品位，或性格沉稳文静，或事业有成的女士为之慷慨解囊。

除了精良的剪裁和做工，他的用色也显示了文雅而不造作、美丽而不轻佻的风格。他的套装色调喜欢用无彩的或含灰的复合色系，如灰褐色、米灰色、黑色等。色彩取向是优雅、含蓄和理性。他喜欢的面料有方格粗呢、灰色麂皮、亚麻布、羊毛织物，以及织有丝线的横贡缎、高档的纯天然或混纺面料等。他的运动便装多是艳色，但是非常沉着。

阿玛尼在20世纪80年代创建了他的神话以后，并没有一直停留在宽肩女装设计上，他认为："女装不应该过分强调外观的硬朗和线条分明，最重要的是柔和和合体的线条……因为女装的简洁绝不是减去思想，滤去风格，而是摆脱一切多余的东西，最大可能地表现穿衣者的个性和魅力。"● 他保持了设计中含蓄内敛的矜持之美，同时让女装的线条从圆润中变得更加简洁流畅。选择大量雪纺绸等轻柔面料，综合阴柔之美，摒弃随意的性感，加之水晶等配饰的镶嵌，在奢华与节制之间达到一种平衡。

阿玛尼追求自然和谐的设计风格，在服装秀中不用名模，不准模特使用快步、滑步，不准穿高跟鞋，不准摆造型。尽管阿玛尼从来不赞同类似范思哲式的性感奢靡，但是在极度强调个性化的新时代，偶尔也不得不突破常规，在设计中出现内衣外穿、高跟鞋等性感元素，以及一些或神秘或轻柔的性感元素。阿玛尼是时装界"古典现代主义"的先驱，剪裁和面料的高贵典雅一向是他时装哲学的原则，在古典中融入现代感，是他的追求。在高级时装方面，2005年阿玛尼开始推出 Armani Prive 高级时装，融汇了他设计才华的精粹。考究的设计、得体的剪裁、高质量的面料，还有无可挑剔的工艺，都是阿玛尼品牌在豪华时装领域获得持久成功的关键因素。

进入21世纪，阿玛尼继续着淡雅、飘逸、自然的新女性风格的创造（图8-8），中西时尚元素、时尚复古等灵感创意不断出现于成衣设计之中。

● 王晓威 . 顶级品牌服装设计解读 [M]. 上海：东华大学出版社，2015：56.

图 8-8 阿玛尼女装

五、范思哲

20 世纪 50 年代初，意大利服装开始进入国际服装市场，其中一些品牌也闻名于世，到 60 年代意大利的高级成衣受到全世界欢迎。70 年代早期，米兰因毗邻纺织生产和成衣制造地区而成为意大利服装大都会。70 年代末，米兰时装周成为世界四大时装周之一。此外，当时家族企业的传统在意大利仍很盛行。在这样的时代背景下，意大利设计师詹尼·范思哲（Gianni Versace）开始走上世界服装舞台。

1946 年范思哲出生于意大利南部的一个小镇，其母亲经营一家小时装店，仿制巴黎的时装样式。范思哲从小耳濡目染并表现出对时装的浓厚兴趣，以致后来辍学帮母亲做设计和采购。1972 年范思哲到米兰发展，给几个品牌做设计，积累了丰富的经验。1978 年范思哲以家族联合的方式创立品牌。1979 年他首次举办作品发布会，其作品主要采用自己偏爱的皮革面料，受到了美国市场的欢迎。20 世纪 80 年代，热爱音乐的范思哲看到摇滚乐在青年中大受追捧，果断与摇滚明星合作推出摇滚风格服装，这成为其事业的一个转折。1982 年他推出金属服装，获得了成功。

整个 20 世纪 80 年代，范思哲处于兴盛的发展期，并且自己独特的风格也逐渐形成。范思哲的故乡曾受到希腊殖民和阿拉伯文化的浸润，也因为古典及多元文化的成长背景，范思哲对于各种文化风格始终保持开放态度。他对艺术和文化的兴趣也反映在他每一季的创作中，古典、中世纪、文艺复兴、巴洛克、洛可可的影子层出不穷，而现代的波普艺术、摇滚、朋克等街头非主流元素更是多见于其作品中。在他的作品中可以看到不同元素折中主义意味的混搭交融，对不同时期的宫廷贵族风格的借鉴，也使得其作品的装饰和色彩极尽艳丽和奢华。

　　范思哲的设计风格非常鲜明，具有独特的设计美感，强调快乐与性感，其作品汲取了古典贵族风格的豪华、奢丽，又能充分考虑穿着舒适及恰当地显示体型。范思哲善于采用高贵豪华的面料，借助斜裁方式，在生硬的几何线条与柔和的身体曲线间巧妙过渡，范思哲的套装、裙子、大衣等都以线条为标志表达女性的身体（图8-9）。此外，范思哲像其他的意大利的设计师一样，将美式的运动休闲装同意大利对豪华高级材质的崇尚结合起来，造就了一种全新的"雅致"概念。范思哲品牌主要服务对象涵盖王室贵族至摇滚乐手，身份迥异。

图8-9　范思哲女性成衣设计

六、巴黎世家

　　被誉为代表20世纪的伟大天才设计师克里斯托瓦尔·巴伦夏卡（Cristóbal Balenciaga）出生于西班牙的一个渔村。他还是个孩子的时候，跟随母亲学习针线，对时装设计就表现出浓厚兴趣。曾经有一户人家新迁到村里居住，巴伦夏卡在和这家的小孩玩耍时，发现小孩的老祖母衣着雍容华贵，他征得老妇人的同意，仿制了一套德莱塞尔（Drecoll）套装，这成为巴伦夏卡的处女作。

巴伦夏卡 13 岁时，偶然遇到西班牙的侯爵夫人嘉莎托尔一世（Casa Torre 1）。年纪轻轻的巴伦夏卡竟敢对侯爵夫人的高贵打扮作评价，但他极具见地的批评令侯爵夫人刮目相看。侯爵夫人还穿着巴伦夏卡缝制的晚装出席宴会，效果非常好。侯爵夫人不仅赏识巴伦夏卡的设计才华，还资助他于 1915 年开设了自己的裁缝店，店名即 Balenciaga（巴黎世家）。巴伦夏卡相继在西班牙的其他大城市开办了分店。他经常到巴黎大型服装店来买服装式样，自己再加以设计，在西班牙的时装界初露锋芒。后来因 1937 年西班牙内战，他迁居巴黎，开设巴黎世家高级女装公司。

1937 年，公司成立时推出高级女装，1948 年及 1955 年推出香水系列，1957 年公司推出玩具娃娃服，1968 年，巴伦夏卡退休。1987 年推出高级成衣系列，1990 年再次推出香水系列。

巴黎世家的格调受到那些偏爱简洁服装的人士推崇。他设计的时装被喻为革命性的潮流指导，很多名流贵族都指定穿着他的时装，这些忠实客户包括西班牙王后、比利时王后、温莎公爵夫人、摩洛哥王后等，她们都是当年曾被世界各大时装杂志评选为最佳衣着的名人。

巴黎世家的服装（图 8-10）一向精于裁剪和缝制。斜裁是其拿手好戏，常以此起彼伏的流动线条强调人体的特定性感部位。结构上总是使服装宽度保持合体，穿着舒适，也显得更漂亮。

图 8-10　巴黎世家的成衣

巴黎世家的服装巧妙地利用人的视错觉，腰带策略性地放低一点，或把它提到肋骨以上，甚至可以巧妙地隐藏在紧身衣之中，使服装看上去更加完美。非理想身材的人，一旦穿上巴黎世家服装，顿时显得光彩照人。

巴黎世家的服装有着简单的外型和大方的细节，细部的微妙变化使服装像音乐一样和谐，而这种效果是在简单款式中漫不经心地表达出来。宽松内衣、窄裙、大衣、套装、紧身外衣、背心都是常见款式，而这些款式对于袖子的处理往往令人惊讶，耳目一新。

巴黎世家的面料都很有质感，喜欢用变形粗羊毛织物、真丝纱罗织物以及变形丝织物。在色彩上，擅长黑色及黑白相间的妙用，对于孔雀蓝、菊黄、瓜橙、水鸭绿的协调亦匠心独具。

巴黎世家的服装自从诞生之时就受到贵族妇女和社会名流的赏识，几十年来享誉世界。时至今日，巴黎世家品牌已退出高级女装行列而以高级成衣为主，但它精于裁剪制作、品味高雅的风韵犹存。

七、皮尔·卡丹

皮尔·卡丹是最早进入中国市场并让中国人感知巴黎时尚的西方品牌。拥有皮尔·卡丹西装曾是部分中国人事业成功的标志之一。皮尔·卡丹品牌是 20 世纪 50 年代以来服装界成功的典范，作为设计师的皮尔·卡丹（Pierre Cardin）也成了法国首屈一指的富翁。皮尔·卡丹先生绝对是一个传奇人物。他的传奇首先在于他的奋斗历程：从赤手空拳到世界顶级服装大师；他的传奇还在于让高档时装走下高贵的 T 型台，让服装艺术直接服务于百姓；他的传奇性格在许多人看来是他的商业成就，因为世界上几乎没有像卡丹先生那样的先例，集服装设计大师与商业巨头于一身。卡丹的商业帝国遍布世界各地，除时装外，他还拥有多家剧院，近年又开始投资音乐剧，曾在中国上演。皮尔·卡丹是一位最先关注和开发成衣市场的高级女装设计师，他认为成衣能做得很精致并具有相当的设计内涵。20 世纪 60 年代他率先与十余位同行成立了"高级成衣设计协会"，并利用其高级女装的名声和影响推出同样品牌的高级成衣。

法国是世界时装中心，高级时装行业原本是一个限制极严、市场狭窄的特殊行业，有着极其有限的顾客。以往法国的时装设计特点是豪华气派，用料较为昂贵，上流社会的顾客是很有限的。为了开辟更大的市场，皮尔·卡丹第一个看到，高级时装必须在大众中流行，只有这样才能找到出路。因此，他奉行"让高雅大众化"的竞争秘诀，以此指导服装设计兼营成品服装，面向更多的消费者，此举一经推出便获得了很大的成功。

冲破男式时装设计的禁区后，针对童装的传统单调、平淡的形式，皮尔·卡丹一反传统，设计出造型离奇、极富幻想力的系列童装，使得法国童装和高级时装也一起面向世界（图8-11）。1961年卡丹首次设计并成批量生产的流行服装一举获得成功，此后他连连推出各式各样的、不同规格的流行成衣产品。

图8-11 皮尔·卡丹的童装

由于皮尔·卡丹设计的时装敢于突破传统理念，式样独特新颖，富有青春感，色彩对比鲜明，线条优美清楚，并有着强烈的可塑感，他的许多时装都被推举为最创新、最美丽和最优雅的代表作，而且多次获得法国时装界的最高荣誉奖——金顶针奖。

为了进一步推进"让高雅大众化"理念，让法国时装文化传遍全世界，他一方面不断扩大公司规模，以顺应大众化市场的需要；另一方面，卡丹还通过转让技术，把设计方案卖给生产厂家，把商标使用权转让给经营者，他可以从营业款中提取7%～10%的技术转让费。

总的来说，大胆突破始终是皮尔·卡丹设计思想的中心。他运用自己的精湛技术和高超艺术修养，将稀奇古怪的款式设计和对布料的理解，与褶皱、几何图形巧妙地融为一体，创造了突破传统而走向时尚的新形象。他设计的男装如无领夹克（图8-12）等，为男士装束赢得了更大的自由，显示出一种悠闲而不失雅致的风貌。他的女装（图8-13）擅用鲜艳强烈的红、黄、钴蓝、湖绿、青紫，其纯度、明度、彩度都格外饱和，加上其款式造型夸张，颇具现代雕塑感。

图 8-12　皮尔·卡丹的无领夹克

图 8-13　皮尔·卡丹的女装

八、华伦天奴

　　卓凡尼·华伦天奴（Giovanni Valentino）于 1932 年出生于意大利那不勒斯市，是著名时装品牌华伦天奴始创家族的第三代继承人。华伦天奴对设计抱有坚定的信念，他的每一件服装作品都犹如一件精美的艺术品。对于每一件服装作品的完美呈现，华伦天奴先生本人都有着严谨的审美标准。华伦天奴的设计通常讲究运用柔软、贴身的丝质面料与华贵典雅的亮绸缎，加之合身剪裁及高贵大气的整体搭配，完美诠释了名媛淑女们梦寐以求的优雅风韵。

华伦天奴是全球高级定制和高级成衣领域顶级的奢侈品牌之一，洋溢着意大利人独特的生活品位和罗马式的高贵华丽气息。华伦天奴所代表的是一种宫廷式的奢华。高调之中隐藏一股深邃的冷静，从 20 世纪 60 年代以来一直都是意大利的国宝级品牌。

富丽华贵、美艳灼人是华伦天奴品牌的最大特色（图 8-14），华伦天奴喜欢用最纯的颜色来打造服饰，鲜艳的红色可以说是品牌的标准色调。华伦天奴做工十分考究，从整体到对每一个小细节都做得尽善尽美，是豪华与奢侈生活方式的典型象征。

图 8-14　华伦天奴的女装

九、飒拉

飒拉（ZARA）是西班牙 Inditex 集团（世界上最大的经销集团之一）旗下的一个子公司，它既是服装品牌，也是专营 ZARA 品牌服装的连锁零售品牌。

公认的飒拉成功的经验包括：顾客导向；垂直一体化；高效的组织管理；强调生产的速度和灵活性；不做广告的独特营销价格策略等。

绝大多数消费者喜欢时髦而与众不同的衣服，但又不能太贵。飒拉抓住了这些用户的心理，运用快速模仿的设计和快速反应的供应链，以及大规模、小批量的生产模式，在竞争激烈的国际服装行业迅速崛起。它的成功值得我国服装行业的企业家们深思。

　　飒拉可以说是时尚服饰业界的一个另类，在传统的顶级服饰和大众服饰之间独辟蹊径，开创了快速时尚模式。从设计到把成衣摆在柜台上出售需要的时间，中国服装业一般为 6～9 个月，国际名牌一般需要 120 天，而飒拉一般只需 12 天，最迅速时可以达到 7 天，这得益于飒拉灵敏的供应链系统。

　　飒拉一年中大约推出 12000 款时装，而每一款时装产销量都不大。即使是畅销款式，飒拉也最多只给每家专卖店两件，卖完了也不补货。通过这种"制造短缺"的方式，飒拉培养了一大批忠实的追随者。这一"多款式、小批量"的经营模式使飒拉突破了经济规模的制约。

　　总的来说，飒拉的定价略低于商场里的品牌女装，而它的款式色彩特别丰富（图 8-15）。顾客可以花费不到顶级品牌十分之一的价格，就可以享受到顶级品牌的设计。这就是飒拉最大的市场竞争力。

图 8-15　飒拉的服饰设计

第二节　国内篇

一、李宁

（一）品牌简介

1990 年，李宁有限公司在广东三水起步。创立之初即与中国奥委会携手合作，通过体育用品事业推动中国体育发展，并不遗余力地赞助各种赛事。1993年，李宁公司迁址北京。

"推动中国体育事业，让运动改变我们的生活"是李宁公司成立的初衷。李宁公司从不放弃任何努力来实现这一使命，经过二十多年的探索，已逐步成为代表中国的、国际领先的运动品牌公司。

产品的专业化属性，是李宁在体育用品行业中竞争的基础。李宁把产品的研发看作一个不断创造纪录、刷新纪录的赛程。李宁从单一的运动服装，发展至运动服装、运动鞋、运动配件等多系列并驾齐驱，如运动帽、袜、球、球拍、球拍配件、护具及器械和足球系列、篮球系列、网球系列、跑步系列、健身系列、乒羽系列、都市轻运动系列等专业化系列产品。李宁品牌曾这样规划发展前景：李宁要做成一个运动时尚的体育品牌，成为人们生活中不可缺少的一部分；李宁要成为亲和、民族、时尚而充满魅力的专业性品牌；同时，李宁品牌的包容性要更大，服务的领域更广，由李宁运动的生活方式来传递李宁所倡导的价值理念。

（二）服饰的设计特点

李宁作为运动装品牌，最基本的是确保服装的运动舒适性。李宁在运动服装设计上注重合体性和舒适性，并结合一些时尚元素让运动服装不再平淡，而是更具潮流感（图8-16）。

图 8-16　李宁的成衣设计

李宁特别注重面料的研究和开发，以棉和莱卡（一种弹性纤维的商品名称）合成面料为主，并大胆采用新型面料。2002 年，李宁公司与杜邦公司（现英威达公司）建立合作，莱卡面料大量应用在李宁牌服装中。通过新技术研发，天然棉花也可成为透气良好却滴水不漏的舒爽材料；全新的技术让传统纯棉也变得富有弹性；在环保、舒适的前提下，通过特殊的纹理制造技术，裤装也可以具有同化学添加类面料一样的弹力效果。莱卡面料被广泛地应用到李宁产品研发中，给其产品增添了额外的舒适感与合身感，使各种服装显现出新的活力。含莱卡的双向弹性机织物则在两个方向都提供极大的舒适感与自由动感。因此，在长裤、内衣、外套等女式成衣中加入莱卡，褶皱可轻易地自动回复。莱卡面料的女装更飘逸且不易变形，灵动自如，感受自由。在 T 恤衫、内衣、健美裤等针织品加入一点点莱卡，既合身又舒服，穿在身上伸展自如，能随身而动。

在色彩运用上，李宁紧随国际流行趋势，"蓝、白、橙"是李宁产品设计时的主色调，但也会按照国际流行色趋势不断创新产品色彩设计，这也表现出李宁品牌的动感时尚、舒适大方的特征。除此以外，李宁还不断推出珍藏版、限量版运动鞋，色彩设计更具有突破性。

二、利郎服饰

（一）品牌简介

1987 年，集团创办人王氏兄弟开始男装生产及批发业务。1995 年，中国利郎有限公司集团第一家公司利郎（福建）时装有限公司成立，并以利郎品牌开始销售男装产品。

2008 年，利郎的英文品牌变更为 LILANZ。经过 30 多年的探索发展，中国利郎已经成为一家集设计、研发、生产、营销于一体的全国知名男装品牌企业。

2009 年，中国利郎成为中国首家登陆港股的男装品牌。回溯中国利郎的发展史，从寥寥数人的小作坊到如今家喻户晓的集研发、设计、生产、营销于一体的中国男装品牌企业；从研发单品类产品到如今覆盖外套、内搭、裤类、鞋类、配饰等全品类产品；从在国内首倡"商务休闲"到如今提出的新商务男装，中国利郎始终走在创新与升级的道路上。

（二）服饰特点

利郎把握时代脉搏，引领时尚潮流，及时、适时地将传统服装经过设计、改板，在服装界率先推出了利郎商务休闲装，贴袋带袋盖，后背单开衩，肩、袖肘处有猎装风格的装饰拼接，再辅以休闲的商务公文包，整体体现出利郎的服装风格较为休闲、时尚（图 8-17）。利郎衬衫采用独特花纹设计，欧式修身板型，辅以黑色围巾和商务包，显示出利郎的简约、时尚。利郎夹克的款式以男装的简约风格为基础，没有太多结构复杂的设计。但是，利郎还是根据时尚潮流，将时尚款式结构设计引入利郎的服装款式设计中，体现出利郎简约与时尚的服装设计风格。

图 8-17 利郎的成衣

正是利郎"商务休闲"的新概念及简约、休闲及时尚的产品风格，使其迅速成为商务休闲领先男装品牌。

利郎采用高档、独特的面料，以展现利郎在服装制造方面的专业水准。利郎主要选用毛、丝、棉等天然面料以及具有免熨烫、记忆性的科技面料，这使得利郎的面料不断创新。比起款式多样、风格各异的女装，男装的设计远不如女装拥有千变万化的外观，尽管近几年的中性风潮和混搭风貌让男装设计的尺度已经放宽，但大部分男性尤其是传统中国男性还是不大接受太出位的变化，与夸张的结构变化相比，他们更愿意在面料的质感和肌理上做出挑剔的选择。也正因如此，利郎把面料选择作为产品创新的主要方向，甚至将创新延伸到了产业链上游，为自己研发、织造具有利郎品牌"DNA"的面料。

利郎特别注重产品色彩开发，使其商务休闲色彩发挥至极致。利郎不仅具有黑、蓝等经典色彩，以彰显男人的沉稳个性，还利用色彩展示商务男性帅气的一面，同时也不失男人浪漫的风度和绅士般的优雅。几何图形的运用，增加了服装的干练形象；不规则的图形变化，避免了呆板。

利郎还不断加强与中国流行色协会合作交流，根据流行色预测进行服装设计。在商务休闲装中，流行色也尤为引人注目，如拥有醒目、激情、跃动、兴奋意味的暖色系，给人一种积极向上的力量。

三、思凡

（一）品牌简介

大连思凡服装服饰有限公司是美国上方集团在大连设立的合资企业，以策划、设计、生产、推广"思凡"女装品牌为主要经营内容。1997年9月，首次亮相大连服装节的思凡以其款式新颖、质地上乘的品牌形象在大会评出的女装"十佳"中夺得了头彩。此后思凡连续三届荣获大连国际服装博览会"双十佳"称号，并被大连市政府授予"品牌服装"荣誉称号。

思凡从一开始就以国际品牌的运作为标准，"建思凡公司百年企业，让思凡跻身国际行列"是思凡人的目标。大连思凡服装服饰有限公司将把品牌作为灵魂，致力于打造国际知名的女性消费品牌，进而把思凡演绎成一种概念、一种精神、一种情感、一种追求、一种表达。

（二）服饰特点

思凡的英文名 Sunfed 意为沐浴在阳光之中，表达美好、温暖、关怀的情感。思凡将 28 ～ 45 岁、有文化、有品位、有个性、懂得生活、追求生活质量的女性作为目标消费群体，以职业时装作为主体产品，定位为国际高级女装品牌。思凡女装将正装的端庄典雅与时装的时尚感融为一体，留法设计师周红将法国人的浪漫风情与亚洲人的身材特点相结合，呈现出华美、优雅、简约、大气的服装风格，受到杨澜、于丹等知性女性的喜爱。为了更全面地展现消费者不同生活场景的多重角色，思凡的另外一个产品系列思凡假日（Sunfed Holiday）应运而生，其风格特征更为阴柔、时尚、浪漫与闲适（图 8-18）。

图 8-18　思凡成衣

思凡深知女性服装款式造型多样的重要性，但她并不主张另类和前卫，而是保持女性天性中的内敛与含蓄，并在此前提下加入时尚元素。为了更进一步提高服装的整体气质，设计师对于领口的开阔、腰身的曲线等进行了精心设计和严格把控，使消费者从感官上就能感受到服装高贵典雅的个性气质。将普通的翻折领用镂空的针织花边点缀，瞬间便将严肃感柔和化，或者运用泡泡袖、荷叶边来表现女性可爱的一面。思凡服装不失优雅与高贵，并流露出女性纯真与温柔的特质。

除了职业装外，风衣、针织衫等休闲服装也是思凡重要的产品系列，这类服装与职业装相比时尚感更强，女性特征更为突出。思凡休闲服装摒弃了职业装的包覆感，而是主张宽松舒适的穿衣感受，常用宽松的袖窿、舒适的腰围与臀围等来表现女性轻松自在的生活方式，给思凡增添了几分洒脱的个性。

职业装是正式场合穿着的服装，面料的手感、挺括程度和光泽度等都体现出穿着者的品位、性格甚至身份地位，所以选择正确且高档次的面料对于品牌定位和塑造品牌形象具有重要作用。思凡 90% 的面料都是从欧洲进口的顶级面料，因此在花色上与其他品牌相比就少了雷同感。面料品质决定了产品的风格和个性，丝、棉、合成纤维等天然材质一直是思凡的首选。

思凡春夏季服装采用真丝或纯棉面料，具有轻盈飘逸的特性，营造舒适、简洁大方的氛围。真丝的丝滑感和光泽度完美地表现女性的温柔与高贵；纯棉、麻等天然材质的面料在塑造服装的立体感之外传递女性纯与美的天性。思凡秋冬季服装则选择纯天然合成纤维，让服装造型更具挑战性与时尚潮流感，以展现品牌时尚与高贵的个性特色。

思凡服装在色彩的运用上遵循其品牌的风格定位，以黑、蓝、白、红为基调，突出女性端庄、优雅的性格特征。为了吸引更多年轻人以及爱美女性的喜爱，在原有色调的基础上，增加了鲜艳而活泼的色彩，使得思凡的形象更加富有活力与生机。思凡从雾、冰和透明水中提取出的耀眼白以展现服装纯洁的天性，从最新鲜的玫瑰花瓣中提取柔和红来渲染品牌浪漫的情调，从海天一色中提取深邃蓝来凝聚品牌稳重、优雅的气质，从绿宝石中萃取天然绿烘托了高贵的生活品质，从薰衣草中提取紫色给人温馨的品牌关怀，这些色彩共同构成了其三大色系："红白黑"色系代表着激情，"蓝白"色系表现轻扬，"黄粉紫"色系散发出浪漫气息。思凡在色彩上柔和自然但不单调，牢牢地把握住其"纯美、优雅、高贵"的品牌个性与形象。

四、美特斯·邦威

（一）品牌简介

美特斯·邦威（Meters/bonwe）是美特斯邦威集团自主创立的本土休闲服品牌。美特斯邦威集团公司于 1995 年创建于中国浙江省温州市，主要研发、生产、销售美特斯·邦威品牌休闲系列服饰。集团于 1998 年开始逐步把经营管理中心、研发中心移到上海。2005 年 12 月 10 日，集团上海总部正式启用，标志着集团进入二次创业阶段。上海美特斯邦威服饰股份有限公司主要研发、采购和营销自主创立的美特斯邦威和米安斯迪（ME&CITY）两大时尚休闲服饰品牌。此后，总部成立了上海美特斯邦威服饰博物馆，是国内目前规模最大的服饰博物馆。

（二）服饰的设计特点

美特斯·邦威的主要消费群体是 16 ～ 25 岁有活力和时尚的年轻人群，这部分消费者追求个性张扬、自我展示欲望较强，特别崇尚休闲、帅酷的服饰风格特征，这与公司倡导的青春活力和个性时尚的品牌形象相吻合（图 8-19）。

图 8-19　美特斯邦威成衣

美特斯·邦威能够抓住世界服装流行趋势，既有返璞归真的自然和青春时尚风格，如美特斯·邦威的 T 恤、卫衣以及衬衫，主要呈现基本款的经典、简约的风格特征；又有"不走寻常路"的时尚潮流风格，将英伦风、奢华风以及街头嘻哈风等与众不同甚至特立独行的元素运用在服装设计中，这些敏锐的感悟正引领着国内休闲类服装品牌向时尚百搭、自然休闲的风格发展。美特斯·邦威不断强化自己品牌的"时尚、休闲"风格，而且不断深化产品风格系列，通过米安斯迪来进入高端休闲市场，满足消费者的心理诉求。

为了与产品风格相吻合，美特斯·邦威主要根据产品风格的不同，而采用不同的服装面料，并且时尚的面料也成为其面料选择的特色。

采用质感柔韧或粗犷且符合生态观念的天然棉、麻料，高档的毛料或纯天然纤维及生丝，表现出自然、舒适的自然风格；采用针织、镂空、提花、雪纺及精纺面料，表现出时尚、活力的青春时尚风格，这是适合学生及年轻人的一种充满朝气的风格。采用精纺全毛、真丝、亚麻等质地的高档材料，辅以斜纹、条纹等立体感较强的面料，用于各式精致的衬衫、羊毛衫或手编毛衣，以提升产品品质。

美特斯·邦威在色彩研究和开发的基础上，以主题为基础，进行产品色彩使用。美特斯·邦威的色调以暖色调为主，彰显出年轻、时尚、前卫、潮流的服饰风格特征。无论是街头风格的红白搭配，还是和谐的海洋色系，均为美特斯·邦威的经典色系；还有深褐色、墨绿色、紫色、雅绿色等冷色系，表现出品牌高贵、优雅和大气的个性。

五、歌莉娅

（一）品牌简介

歌莉娅（GLORIA）是中国首个将环球旅行与时尚相结合的女性服饰品牌，创立于 1995 年。在激烈的市场竞争中，歌莉娅以旅行的独特方式发现世界之美，通过分享，与消费者共同感悟生活。如今，用旅行文化引领时尚生活已经成了歌莉娅的重要标识。

（二）服饰特点

一直以来，歌莉娅始终保持着健康而充满朝气的品牌形象，传递一种拥抱自然、享受时尚的生活态度，立志成为中国消费者耳熟能详的优秀年轻女性服饰品牌（图 8-20）。歌莉娅注重品牌文化的传播，力求从各个方面塑造其品牌个性。一方面，巧妙地增加不同系列产品，展现不同的产品风格和个性特征；另一方面，运用色彩的明暗界定目标消费群的年龄层，以抒发消费者内心的异国情怀，甚至选择方便快捷的网络购物方式让歌莉娅贴近年轻人的生活。总而言之，歌莉娅在淡雅贤淑中既有一点点的温柔浪漫，又有一点点特立独行，还有一点点异国气息，甚至一点点书卷气，歌莉娅处处洋溢着阳光般的青春气息。

图 8-20　歌莉娅成衣

歌莉娅定位于 23 岁上下的年轻女性，其服装风格符合这类人群的职业、兴趣爱好和生活态度等特征。歌莉娅的目标消费群是刚步入社会的上班族，也可以是大学生或高中生。对于年轻的上班族，她们的服装既要满足工作场合的要求，但又不能过于沉闷和严肃；对于正处在校园里的学生群体，她们的服装除了讲究舒适和大方得体，更注重个性的彰显。

1. 甜美俏皮

连衣裙、短裙是歌莉娅展现甜美俏皮个性的主打产品，有的裙摆有多层次或波浪状的花边，有的是百褶雪纺短裙，使裙身更飘逸。另外，设计简洁的长款上衣与短裤、短裙的搭配，展现出了清凉、自然、洒脱之美。歌莉娅在服装加工工艺上常采用压褶、旋扭、翻卷、局部泡泡等细节处理方法，使别具一格的设计感与品牌个性极其吻合。

2. 热情帅气

歌莉娅的吊带衫、短裤款式简单明朗，在夏季更能突出女孩玲珑的身材，塑造歌莉娅热情、活力四射的品牌个性。例如，迪拜沙漠风情连身裙、裤，夏威夷水上乐趣的背心短裤等。各类牛仔服、衬衫、马甲等中型打扮又给歌莉娅增添了不少帅气和潇洒。

3. 优雅浪漫

歌莉娅优雅浪漫的风格定位于追求成熟风格的年轻女白领，服装突出女性身材曲线，注重腰身、肩部的塑型，令服装充满知性、成熟的个性；同时通过创新领子、袖子的设计，如在领子上增添蕾丝、缎面荷叶边，袖子设计为灯笼式等方法，让紧张严肃的气氛变得温馨而甜蜜。长裙的灵感源自印度的沙丽，旨在展现女性身体在运动中的美，是歌莉娅传达优雅、浪漫个性的重要产品。长至脚踝的裙子能起到拉长下半身的视觉效果，更加凸显女性的高贵气质，裙子将腿全部遮掩又流露出几分含蓄和内敛。

歌莉娅在面料的选择上崇尚时尚、环保、自然，让年轻消费者感受品牌时代气息的同时认识到歌莉娅对于舒适健康的追求。歌莉娅将富有特色的建筑风格、精致的雕刻幻化为面料的纹理和图案，再结合手感柔软、板型挺括的羊绒面料，表现出服装极富个性的华丽、高贵；另外，歌莉娅还采用花式纱线为原材料，生产出蓬松而温暖的毛呢大衣。由于花式纱线种类繁多，因而可形成外观各异的面料。与传统平纹机织呢大衣相比，这类大衣不仅款式新潮，而且富有立体感，符合歌莉娅活泼、热情的个性。

歌莉娅春夏季服装选用的是既飘逸又滑爽的雪纺、真丝或者纱质面料，处处衬托出女性的优雅气质、浪漫而甜美的气息。天然纯棉、麻以及环保的木浆纤维是歌莉娅运用得最多的面料，不仅穿着舒适度极佳，还体现了歌莉娅自然、清新、质朴的个性特征。服装面料上采用各种动物的印花、布块拼接以及花卉图案，也是歌莉娅善用的表现年轻、可爱的方法之一，再加以流行的时装元素和极富趣味的配饰，从而将女性的俏皮、活泼表露无遗。

歌莉娅稍正式的服装，如正装、风衣以黑、白、深蓝、深灰为主，这些色调能让心情变得平和肃静，再搭配亮丽的配饰，让原本稳重、端庄、优雅的服装又透出几分可爱。对于休闲服装，歌莉娅选择的色彩颇为大胆——常用鲜艳明快的色彩，突出了年轻人的个性。这些色彩源于歌莉娅所到的每一座城市，既饱满又温和，令人倍感舒适。以热情的红、奔放的橙以及张扬的紫等暖色调为主色调的服装，表现出乐观开朗、俏皮可爱的个性；而选择舒缓的绿和沉静的蓝等冷色调为主色调的服装，则是为了表现一种甜美而安静的个性。歌莉娅有时还会选取城市具有独特民族风格的混色印花，传递出浪漫的情怀。

参考文献

[1] 唐甜甜，朱邦灿，周玲玉.成衣设计 [M].北京：化学工业出版社，2019.

[2] 王小萌，张婕，李正.服装设计基础与创意 [M].北京：化学工业出版社，2019.

[3] 戴文翠.服装设计基础与创意 [M].北京：中国纺织出版社，2019.

[4] 王晓威.顶级品牌服装设计解读 [M].上海：东华大学出版社，2015.

[5] 刘若琳，孙琰，惠洁.创意成衣设计 [M].上海：东华大学出版社，2018.

[6] 张世超，袁大鹏.高级成衣女装中不对称造型的应用研究 [J].服饰导刊，2018（1）：69-80.

[7] 许岩桂，周开颜，王晖.服装设计 [M].北京：中国纺织出版社，2018.

[8] 梁明玉.服装设计：从创意到成衣 [M].北京：中国纺织出版社，2018.

[9] 李慧.服装设计思维与创意 [M].北京：中国纺织出版社，2018.

[10] 马丽.品牌服装设计与推广 [M].北京：中国纺织出版社，2018.

[11] 肖瑞黎.服装设计的形式美：以香奈儿2018春夏成衣时装为例 [J].牡丹，2018（36）：76-78.

[12] 郭斐，吕博.艺术设计与服装色彩 [M].北京：光明日报出版社，2017.

[13] 朱洪峰，陈鹏，晁英娜.服装创意设计与案例分析 [M].北京：中国纺织出版社，2017.

[14] 杨晓艳.服装设计与创意 [M].成都：电子科技大学出版社，2017.

[15] 黄世明，余云娟.成衣设计与实训 [M].沈阳：辽宁美术出版社，2017.

[16] 许可．服装创意设计实务［M］．南京：东南大学出版社，2017．

[17] 沈晶照．流行与创意：服装设计理论与方法研究［M］．北京：中国纺织出版社，2017．

[18] 张金滨，张瑞霞．服装创意设计［M］．北京：中国纺织出版社，2016．

[19] 周卉．服饰陈列设计［M］．北京：光明日报出版社，2017．

[20] 朱莉娜．服装设计基础［M］．上海：东华大学出版社，2016．

[21] 吴珊．现代成衣设计中褶皱工艺的研究［J］．大众文艺：学术版，2016（18）：77．

[22] 张继荣，李洁．服装品牌设计与企划［M］．北京：高等教育出版社，2015．

[23] 杨颐．服装创意面料设计［M］．上海：东华大学出版社，2015．

[24] 程悦杰．服装色彩创意设计［M］．上海：东华大学出版社，2015．

[25] 韩兰，张缈．服装创意设计［M］．北京：中国纺织出版社，2015．

[26] 李晓刚，李峻，曹霄洁．品牌服装设计［M］．上海：东华大学出版社，2015．

[27] 张文辉，王莉诗，金艺．服装设计流程详解［M］．上海：东华大学出版社，2014．

[28] 吴玉红．成衣产品设计［M］．北京：中国轻工业出版社，2014．

[29] 陈培青，徐逸．服装款式设计［M］．北京：北京理工大学出版社，2014．

[30] 祖秀霞．品牌服装设计［M］．上海：上海交通大学出版社，2013．

[31] 教育部，财政部．现代服装成衣设计与应用［M］．北京：高等教育出版社，2012．

[32] 陈晓英，吴召山，刘建铅．浅析现代成衣设计中褶皱工艺的实现［J］．现代丝绸科学与技术，2012（2）：64-66．

[33] 胡越．服装品牌形象设计基础［M］．上海：东华大学出版社，2011．

[34] 梁惠娥，崔荣荣，吴聪．服装品牌企划［M］．上海：上海文化出版社，2011．

[35] 程思，张金鲜，厉莉．服装品牌学［M］．上海：东华大学出版社，2011．

[36] 宁俊，欧阳夏子，戴伟亚．服装品牌个性理论与实务［M］．北京：中国纺织出版社，2011．

[37] 范铁明．服装品牌营销与市场策划［M］．重庆：重庆大学出版社，2010．

[38] 廖小丽，王永健．服装成衣设计［M］．北京：北京师范大学出版社，2010．

[39] 庄立新，韩静．成衣产品设计［M］．北京：中国纺织出版社，2009．

[40] 孙玲．霓裳羽衣：国际知名服饰新视界［M］．上海：上海文化出版社，2008．

[41] 王莹．成衣设计：案例篇［M］．石家庄：河北美术出版社，2008．

[42] 黄世明. 成衣设计：基础篇 [M]. 石家庄：河北美术出版社，2008.

[43] 曾红. 服装设计 [M]. 南京：东南大学出版社，2006.

[44] 张星. 服装流行学 [M]. 北京：中国纺织出版社，2006.

[45] 林松涛. 成衣设计 [M]. 北京：中国纺织出版社，2005.

[46] 李俊，王云仪. 服装商品企划学：服装品牌策划 [M]. 上海：中国纺织大学出版社，2001.